Untersuchungen über die Theorie der mitogenetischen Strahlen

Von

Bruno Roßmann

Mit 1 Textabbildung

Sonderdruck aus
Wilhelm Roux' Archiv für Entwicklungsmechanik der Organismen
Organ für die gesamte kausale Morphologie
(Abt. D der Zeitschrift für wissenschaftliche Biologie)
113. Band, 2. Heft
Abgeschlossen am 18. Mai 1928

Springer-Verlag Berlin Heidelberg GmbH
1928

Wilhelm Roux' Archiv für Entwicklungsmechanik der Organismen

steht offen jeder Art von exakten Forschungen über Ursachen und Bedingungen der organischen Gestalten.

Arbeiten, welche einen Vermerk des Autors »Kurze Mitteilung« tragen, werden so bald als möglich außerhalb der Reihenfolge des Eingangs abgedruckt. Ihr Umfang darf 4 Druckseiten nicht überschreiten; die Beigabe von Abbildungen ist nur in Ausnahmefällen angängig.

Das Archiv erscheint zur Ermöglichung raschester Veröffentlichung zwanglos in einzeln berechneten Heften; mit etwa 50 Bogen wird ein Band abgeschlossen.

Das Honorar beträgt RM 40.— für den 16 seitigen Druckbogen; »Kurze Mitteilungen« werden nicht honoriert.

Die Mitarbeiter erhalten von ihren Arbeiten, welche nicht mehr als 24 Druckseiten Umfang haben, 100 Sonderabdrucke, von größeren Arbeiten 60 Sonderabdrucke unentgeltlich. Doch bittet die Verlagsbuchhandlung, nur die zur tatsächlichen Verwendung benötigten Exemplare zu bestellen. Über die Freiexemplarzahl hinaus bestellte Exemplare werden berechnet. Die Mitarbeiter werden jedoch in ihrem eigenen Interesse dringend ersucht, die Kosten vorher vom Verlage zu erfragen.

Die Herren Autoren werden gebeten, den Text ihrer Arbeiten so kurz zu fassen, wie es irgend möglich ist und sich in den Abbildungen auf das wirklich Notwendige zu beschränken. Zugleich wird ersucht, auf bereits in früheren leicht zugänglichen Abhandlungen befindliche Literaturverzeichnisse zu verweisen und nur die neuere Literatur genau anzugeben.

Alle Manuskripte und Anfragen sind zu richten an:

Professor Dr. W. Vogt, München, Nibelungenstr. 89

oder an:

Professor Dr. B. Romeis, München, Ferdinand-Miller-Platz 3.

Die Herausgeber:

H. Spemann.　W. Vogt.　B. Romeis.

Verlagsbuchhandlung Julius Springer in Berlin W 9, Linkstr. 23/24.

Fernsprecher: Amt Kurfürst, 6050—6053. Drahtanschrift: Springerbuch-Berlin.
Reichsbank-Giro-Konto und Deutsche Bank, Berlin, Dep.-Kasse C.

ISBN 978-3-662-39074-0   ISBN 978-3-662-40055-5 (eBook)
DOI 10.1007/978-3-662-40055-5

(Aus dem Botanischen Institut der Universität Rostock.)

UNTERSUCHUNGEN
ÜBER DIE THEORIE DER MITOGENETISCHEN STRAHLEN.

Von

BRUNO ROSSMANN.

Mit 1 Textabbildung.

(Eingegangen am 14. Januar 1928.)

I. Einleitung.

In den letzten 50 Jahren ist die Morphologie der Zell- und Kernteilung von einer großen Reihe von Forschern in allen ihren Einzelheiten genau studiert worden. Demgegenüber ist die Anzahl der Arbeiten, die sich mit den Ursachen, die zur Teilung führen, beschäftigen, eine wesentlich geringere. Immerhin sind über die auslösenden Faktoren in den letzten Jahren wichtige Untersuchungen angestellt worden. Diese und die sich daran anschließenden Hypothesen sollen im folgenden kurz geschildert werden. Die Problemstellung ist vor kurzem von GURWITSCH (1926) durch die nachstehend zitierte Frage genau formuliert worden: „Ist die Zellteilung ein notwendiges, d. h. eindeutig verbundenes Glied einer Abfolge von binnenzelligen Prozessen, die stetig und evtl. periodisch verlaufen, oder kommt sie erst bei Hinzutritt von Faktoren zustande, die nicht zur Kausalkette binnenzelliger Prozesse gehören?" (Das Problem der Zellteilung, S. 15.) Man kann dies auch folgendermaßen ausdrücken: Ist die Teilung ein autonomer Prozeß oder ein induzierter Vorgang, also eine Reizreaktion? Diese Frage wurde von verschiedenen Seiten in verschiedenster Art beantwortet. Im ersten Sinne entschieden sich u. a. RICHARD HERTWIG und JOSEF SPEK, in letzterem GOTTLIEB HABERLANDT und ALEXANDER GURWITSCH.

Der älteste Gedankengang über die Ursachen, die zur Kern- und Zellteilung führen, ist RICHARD HERTWIGS Hypothese der *„Kernplasmarelation"* (1903 und 1908). Er ging von der Beobachtung aus, daß im allgemeinen kleine Zellen kleine Kerne, große Zellen große Kerne haben und stützte sich dabei vor allen Dingen auf Befunde von BOVERI (1902) und GERASIMOFF (1901 und 1902). Ersterer stellte die Korrelation an tierischen Zellen fest. Er experimentierte mit Seeigeleiern, von denen „gleich große kernhaltige und kernlose Stücke monosperm befruchtet wurden". Es zeigte sich dann, daß „erstere weniger und größere Zellen und Kerne auf korrespondierenden Entwicklungsstadien haben als letztere". In einem anderen Versuch erreichte er die Zweiteilung des Eies bei *Strongylocentrotus* mit doppelter Chromosomenzahl. „Die Larven enthalten dementsprechend viel größere Kerne als die aus normalen Kontrolleiern und im Zusammenhang damit viel größere und viel weniger Zellen."

GERASIMOFF (1899) machte entsprechende Versuche an Pflanzen. Als Versuchsobjekt benutzte er *Spirogyra*. Durch Kältewirkung erhielt er Teilungsprodukte, die beide Kerne oder einen von doppelter Masse enthielten. Solche Zellen zeigten erst ein bedeutendes Wachstum, ehe eine neue Teilung eintreten konnte. GERASIMOFF schließt daher, „daß die Kerngröße die Zellgröße bestimmt".

HERTWIG (1903) selbst stellt Versuche mit *Paramaecien, Actinosphaerien* und Dilepten an. Sein Befund bei hungernden *Paramaecien* war, daß dann „bei sich teilenden *Paramaecien* zwar der Körper kleiner ist als bei gut gefütterten, daß dagegen der Kern nicht nur relativ, sondern sogar absolut größer ist". HERTWIG meint daher, „daß es nicht Veränderungen eines Teiles, sondern Veränderungen im Wechselverhältnis beider Teile, des Kernes und Cytoplasmas sind, welche den Anstoß zur Teilung geben". Seine Auffassung wurde später durch die von POPOFF (1908) gefundenen Resultate gestützt. Dieser stellte ausgedehnte Untersuchungen und Messungen bei *Dileptus gigas, Stylonchia mytilus* und *Frontonia leucas* an und konnte durch genaue Bestimmung der Kern- und Zellgröße die Kernplasmarelation berechnen. TISCHLER (1924) stellte dann das Vorhandensein der Relation an Pollenkörnern von *Cassia-* und *Primula*-Arten fest und v. WETTSTEIN (1924) fand genaue Beziehungen bei Laubmoosen. Dieser glaubt allerdings noch nicht an eine allgemeine Gültigkeit der Kernplasmarelation, zumal bei multiploiden Individuen, bei denen noch andere nicht näher bekannte Faktoren eine Rolle spielen dürften.

Auch SPEK (1918) betrachtet die Zellteilung als einen autonomen Vorgang. Ausgehend von Tropfenversuchen, an welchen er Strömungen und Furchungen feststellte, glaubt er die Ursache der Teilungen in Oberflächenspannungsdifferenzen zu finden. Solche will er auch bei der mitotischen Teilung aus charakteristischen histologischen Differenzierungen des Zelleibes erkennen.

Den oben geschilderten Auffassungen, nach welchen die Kernteilung ein autonomer Prozeß sei, steht die Auffindung von Außenfaktoren entgegen, die einen bestimmenden Einfluß auf die Teilung ausüben sollen. Es sei hier zunächst der Arbeiten von KARSTEN (1915 und 1918) und STÅLFELT (1921) gedacht. Für viele Pflanzen ist ein bestimmter Rhythmus der Teilungen festgestellt worden und zwar in dem Sinne, daß die meisten Teilungen in der Nacht stattfinden. Für verschiedene Algen, z. B. *Spirogyra,* war dies schon länger bekannt gewesen. KARSTEN wies ein solches Verhalten für weitere Konjugaten und auch für höhere Pflanzen nach. Er fand, daß der Höhepunkt der Teilungen regelmäßig zu bestimmten Nachtstunden eintrat, und nahm daher an, daß das Tageslicht einen teilungshemmenden Einfluß ausübe. Verdunkelte er seine Sproßkulturen von *Pisum, Zea mays* usw. am Tage und beleuchtete des Nachts, so wurde in fast allen Fällen der Rhythmus umgekehrt. Wurde aber der Lichteinfluß vollständig aufgehoben, so trat trotzdem ein Teilungsrhythmus auf. KARSTEN führte dies auf den von den Voreltern vererbten Einfluß des Tag- und Nachtwechsels zurück. Für seine Ansicht sprach auch, daß die immer im Dunkeln wachsenden Wurzeln keine Periodizität aufwiesen. STÅLFELT gelang es aber, durch genau geführte Versuche auch für Wurzeln einen Rhythmus festzustellen, der allerdings nicht so deutlich wie in Sproßvegetationspunkten verläuft. So fand er für *Pisum*-Wurzeln ein Teilungsmaximum zwischen 9 und 11 Uhr vormittags und ein Minimum zwischen 9 und 11 Uhr nachts. Im Gegensatz zu KARSTEN stehen auch die Untersuchungsergebnisse von KELLICOTT, der bereits 1904 eine Periodizität bei *Allium*-Wurzeln auffand, mit einem ersten Maximum um 11 Uhr nachts und einem zweiten Maximum um 1 Uhr nachmittags, einem ersten Mini-

mum um 7 Uhr abends und einem zweiten Minimum um 3 Uhr nachmittags.
Dieser Tagesperiodizität der Zellteilungen in der Meristemzone geht aber keine
entsprechende Periodizität des Streckungswachstums parallel. Denn STÅLFELT
stellte bei seinen Beobachtungen fest, daß die Verteilung der Mitosen innerhalb
der Wurzel heterogen und keinesfalls homogen sei, nicht nur in einem einzelnen
Schnitt, sondern auch in einer Schnittserie. Dieser Befund steht zu den nachstehend angeführten Versuchen von GURWITSCH im Widerspruch, da er eine gleich-
mäßige Mitosenverteilung festgestellt haben will. Das Licht ist demnach für
Sprosse ein *teilungshemmender* Faktor; ob der Reiz nach der Wurzel weitergeleitet
wird, oder ob diese eine vom Licht unabhängige Periodizität besitzt, ist noch
nicht klar.

Die weitere Forschung suchte nun nach *teilungsfördernden* Faktoren, nach
Außenbedingungen, die den Anreiz zur Mitose geben könnten. Es war zunächst
G. HABERLANDT (1913—1922), der eine neue Theorie aufstellte, indem er annahm,
daß an bestimmten Stellen in der Pflanze Stoffe vorhanden wären oder unter
Umständen gebildet würden, die sich durch Diffusion verbreiten und die Zellen
zur Teilung anregen würden. Er nannte diese chemisch wirksamen Reizstoffe
„Hormone" und unterscheidet verschiedene Arten. So spricht er von den Hor-
monen des Embryos und der Meristeme, von solchen, die im Leptom, wahrscheinlich in den Geleitzellen, gebildet werden, den sogenannten Leptohormonen,
von den Wundhormonen, die bei Verwundungen aus verletzten Zellen gebildet
werden und schließlich von den ihnen näher verwandten Nekrohormonen, die
unter anderem die Ursache der parthenogenetischen Teilungen sein sollen. Als
Beweis für das Vorhandensein solcher Hormone führen HABERLANDT und seine
Schüler eine große Reihe von Versuchen an. Es seien hier einige grundlegende in
Kürze beschrieben. Sehr überzeugend sind die Versuche mit Kartoffelknollen.
HABERLANDT schneidet dazu dünne Scheiben aus dem Speichergewebe aus und
kultiviert sie in feuchter Kammer weiter. Am 5.—6. Tage treten zahlreiche Zellteilungen auf, falls irgendwelche Fragmente von Leptom erhalten sind. Ist dieses
nicht vorhanden, so fehlen Teilungen. Nun klebte HABERLANDT auf solche Scheiben, die leptomlos sind, vermittels Agar frische leptomhaltige Gewebestücke auf.
Es traten nach einigen Tagen Teilungen ein. Bei Versuchen an Kohlrabiknollen
konnte HABERLANDT Zellteilungen dadurch erreichen, daß er frischen Gewebe-
brei auf die zuvor sorgfältig abgespülten Schnittflächen auftrug. Auch Blätter
dienten als Versuchsmaterial. Wurden solche vorsichtig auseinandergerissen,
so daß sich die Zellen unverletzt in den Mittellamellen trennten, so resultierte
keine Zellteilung; wurde dagegen das Blatt zerschnitten, so ergaben sich zahlreiche Teilungen. Bei leichtbeschädigten Haaren von *Coleus rehneltianus* traten
Teilungen auf. Diese Versuchsergebnisse sprechen tatsächlich für die Gegenwart
irgendwelcher Reizstoffe, die einmal aus dem Leptom, das andere Mal aus zugrunde gegangenen Zellen diffundierten. Auch für die Nekrohormone gibt HABER-
LANDT gut gelungene Versuche an. Er bewirkt z. B. Parthenogenesis im Anfangs-
stadium bei *Oenothera lamarkiana* durch Quetschung junger kastrierter Frucht-
knoten. Dabei sollen Wundhormone entstehen, die die Eizelle zur Teilung anregen. Es wäre dies ein Analogon zu den Anstichversuchen BATAILLONS an un-
befruchteten Froscheiern. GURWITSCH bemerkt dazu, daß sich auch die natürliche
Befruchtung nach HABERLANDT auf eine Verletzung des Eies durch das eindrin-
gende Spermatozoon zurückführen ließe. Bei der natürlichen Parthenogenesis
sollen aus zugrunde gegangenen Zellen die Nekrohormone entstehen. Die angeführten Beispiele ergeben zwingend, daß in einer Reihe von Fällen die Kern- und
Zellteilung durch Stoffe angeregt wird, die die Pflanze selbst an gewissen Stellen
unter bestimmten Umständen bildet und die auf dem Diffusionswege in benach-
barte Zellen eintreten.

Aus dem eben Geschilderten ist ersichtlich, daß Zellteilungen durch Faktoren erzielt werden, die chemischer Natur sind. Auf ganz anderen Gedankengängen baute kürzlich ALEXANDER GURWITSCH eine neue Hypothese auf. (Vgl. die Arbeiten von A., L. und N. GURWITSCH, ANIKIN, BARON, FRANK, KISLIAK-STATKEWITSCH, RAWIN, RUSINOFF, SALKIND, SCHUKOWSKY und SORIN [1910—1927] im Literaturverzeichnis.) Er will als Anreiz der Mitose einen physikalischen Faktor festgestellt haben. Zwar ist schon länger bekannt, daß verschiedene experimentell zur Anwendung gebrachte physikalische Faktoren, wie Röntgenstrahlen, ultraviolettes Licht und Temperaturveränderungen Erreger von Zellteilungen sein können; GURWITSCH führt aber einen ganz neuen Gedanken damit ein, daß er annimmt, daß Pflanzen sich durch in ihnen selbst erzeugte Strahlen in ihren Teilen oder auch gegenseitig beeinflussen und zu Kernteilungen anregen sollen.

Während HABERLANDT sich nicht nur mit vegetativen Kernteilungen, sondern auch mit den Befruchtungsvorgängen befaßt, behandelt GURWITSCH in der Hauptsache die Ursachen der meristematischen Kern- und Zellteilungen. Er geht von dem Gedanken aus, daß die Zell- und Kernteilung ein induzierter Prozeß sei, der „sich kausal zergliedern läßt, und zwar so, daß man den auslösenden Impuls einerseits, das reizperzipierende Organ und den Ausführungsapparat andererseits, unterscheiden kann". In seinen Abhandlungen bringt er eine Menge theoretischer Überlegungen, die ihn zu dem Schluß führen, daß der „auslösende Impuls" von oszillatorischem Charakter sein müsse. Es sei zunächst nicht so sehr auf die theoretischen Überlegungen als auf die grundlegenden Versuche, mit denen GURWITSCH den Beweis seiner Anschauungen zu führen glaubt, eingegangen.

GURWITSCH meint also, daß der teilungsauslösende Faktor strahlenartiger Natur sei, daß er im Organismus erzeugt werde und auch außerhalb wirksam werden könne. Er benannte ihn mit dem provisorischen Namen der „mitogenetischen Strahlen". Sein interessantester und wichtigster Versuch war die Erzeugung von Mitosen durch Annäherung zweier Organismen. Diesen Versuch führte GURWITSCH aus, indem er zwei Wurzeln von Zwiebeln senkrecht aufeinander richtete und zwar so, daß die horizontale Spitze der einen gegenüber dem Meristem der anderen senkrechten sich befand. Seine Resultate waren überraschend. Er fand in der der horizontalen Wurzel zugewandten Seite seiner senkrechten Versuchswurzel in einer bestimmten Zone jedesmal eine Häufung von Mitosen. Diese mitosenerregende Wirkung stellte er bei Annäherung verschiedenster Objekte pflanzlicher und tierischer Art fest und unterschied zwischen Homoinduktion bei artgleichen, Heteroinduktion bei verschiedenartigen Objekten und Mutoinduktion bei gegenseitiger Beeinflussung gleicher Teile, z. B. von Hefekulturen aufeinander. Als äußerste Entfernung, bei der noch eine Induktion stattfand, stellte er bei *Allium*-Wurzeln 38 mm fest. Auch Versuche mit Spiegelung der Strahlen an ebenen Glasplatten waren erfolgreich; Glas erwies sich als undurchlässig. Optisch durchsichtige Zwiebelhäutchen waren für diese Strahlen ein trübes Medium. Dies vermeint er an einer starken Dispersion zu erkennen. Bei Induktionsversuchen durch einen 30 μ breiten Spalt erhielt er deutliche Diffraktionsergebnisse. Quarz erwies sich für die mitogenetischen Strahlen als durchlässig; jedoch genügte eine darüber gestrichene dünne Gelatineschicht, um die Strahlen zu absorbieren. Aus diesen Versuchen schloß GURWITSCH, daß die Wellenlänge der Strahlen zwischen 1900—2000 Ångström-Einheiten liegen müsse, daß es also kurzwellige ultraviolette Strahlen seien. In seiner letzten Arbeit (W. Roux' Arch. f. Entwicklungsmech. d. Organismen 109) werden die Wellenlängen 1930 bis 2370 Ångström-Einheiten als Grenzen angegeben. Solche Strahlen sollen auch künstlich erzeugt mitosenvermehrend wirken. Die Wurzel soll für sie etwa 200mal so empfindlich sein als eine photographische Platte. GURWITSCH schließt daraus, daß die Intensität der von den Wurzeln selbst erzeugten Strahlen eine äußerst geringe sei und meint, daß deshalb kaum Aussicht bestehe, „mitogenetische Strahlen" photographisch zu erfassen. Dem kann ich nicht zustimmen, da doch eine entsprechende Verlängerung der Expositionszeit zu diesem Erfolg führen müßte.

Die von GURWITSCH und seinen Schülern verwendeten Induktionsquellen waren:

1. Keimlinge von *Helianthus*:

    a) Wurzelspitzen,
    b) Kotyledonarrand,
    c) Blattplumula.

2. Zwiebelwurzeln:

    a) Wurzelspitzen,
    b) mazerierte Wurzelbasis.

3. Frische Querschnitte durch das Leptom von Kartoffelknollen.

4. Embryonale tierische Gewebe:

    a) Kopfscheitel von Kaulquappen,
    b) mazerierte Kaulquappen,
    c) mazeriertes Gehirn von Axolotlembryonen,
    d) Leberbrei von Axolotlembryonen,
    e) frühe Morulae von Axolotln,
    f) Medullarplatte von Axolotllarven.

5. Gehirn von Axolotln.

6. Gehirn von Fröschen.

7. Blut von Fröschen:

    a) blutleere Vena abdominalis,
    b) abgebundene Vena abdominalis,
    c) Arteria femoralis,
    d) Bauchvene bei Asphyxie,
    e) lackfarbenes Blut,
    f) Blutserum,
    g) Lymphe.

8. Hefekulturen.

Die Versuche wurden in verschiedenster Weise variiert.

Als Objekt der Reizung verwendete er in den meisten Fällen das Wurzelmeristem von Zwiebeln. Neuerdings benutzte er auch Hefekulturen als Indikator.

Es sei noch einiges über den Ursprung der mitogenetischen Strahlen gesagt. GURWITSCH gibt eine genaue Analyse zuerst nur für die Zwiebelwurzel an. Durch eingehende Versuche, wobei er das Meristem mit und ohne Narkose abschnitt, kam er zu dem Ergebnis, daß das Strahlungszentrum für jede Wurzel autonom sei und an der Wurzelbasis liege. Für den Sitz des Strahlungszentrums gibt er den trichterförmigen Wurzelursprung in der Zwiebelsohle an.

Zum Beweis, daß auch wirklich die Zwiebelsohle der Ausgangspunkt der Strahlen sei, stellte er einen Brei aus der Sohle her, der auch induzierend wirkte. Nach einstündigem Stehen erwies sich der Brei als unwirksam geworden. Da aber früher ein Minimum von 20 Minuten Induktionszeit gefunden worden war, genügte die kurze Haltbarkeit des Breies. GURWITSCH glaubt daher das Entstehen der Strahlen auf Oxydationsvorgänge zurückführen zu müssen, ähnlich wie bei den Leuchtorganen der Leuchtkäfer. Bei diesen hat schon in den achtziger Jahren DUBOIS aus einem wässerigen Auszuge zwei Fraktionen hergestellt, die bei Wiedervereinigung das Aufleuchten in vitro ergaben. Diese Stoffe wurden mit Luziferin und Luziferase bezeichnet. Analog verfuhr GURWITSCH mit dem Zwiebelsohlenbrei. Er teilte eine Portion von dem bereiteten Auszuge, der für sich allein wirksam ist, in zwei Teile. Den ersten Teil erwärmte er 5 Minuten im Thermostaten bei 58—60° C, den zweiten hob er bei Zimmertemperatur einige Zeit auf. Jeder Teil für sich war unwirksam, während die Mischung beider Teile wieder mitosenerzeugend war. Entsprechend dem Luziferin und der Luziferase benannte er die in den Fraktionen enthaltenen wirksamen Stoffe provisorisch mit „Mitotin" und „Mitotase". Letzteres soll vermutlich ein Oxydationsferment sein[1], daß das Mitotin in „Oxymitotin" überführt, selbst aber bei Erwärmung zerstört wird. Ebenso wird, wie S. SALKIND (1925) angibt, die Mitotase durch Narkotika (Chloralhydrat) zerstört. Als eigentlichen Sitz dieser Stoffe faßt GUR-WITSCH die kleinen, sehr plasmareichen Zellen auf, „die im Trichter regelmäßige, kontinuierliche Lagen in der Umgebung der Zentralsäule bilden". Untersuchungen von FRANK (1926), SALKIND (1926) und RAWIN (1924) ergaben, daß bei Keimlingen die Annahme berechtigt ist, daß die mitogenen Stoffe in den Gefäß-bündeln vorhanden sein müssen. Für Zwiebelwurzeln stellten sie aber im Gegen-satz zu GURWITSCH den eigentlichen Sitz der Strahlung nur im distalsten Ab-schnitt, etwa 1 cm von der Wurzelspitze, fest. In den neueren Arbeiten von ANIKIN (1926) und SORIN (1926) finden sich Angaben über den Ursprung der „mitogenetischen Strahlen" bei tierischen Objekten. So soll das Nervensystem bzw. das Gehirn die Aktivierung der mitogenen Stoffe verursachen. Solche Schlüsse wurden aus positiven Versuchen mit Axolotlembryonen gezogen, die mit und ohne Gehirn, in verschiedenen Entwicklungsstadien Induktionsergebnisse zeitigten. Ähnliche Versuche wurden mit Fröschen gemacht. Hier wurde die Induktion z. B. mit der Bauchvene vorgenommen, deren Induktionsvermögen bei Enthirnung des Versuchstieres erlischt. Ausgewachsenes Gehirn, das kein Strahlungsvermögen mehr besitzt, kann durch Zusatz von Oxydasen oder Peroxy-dasen reaktiviert werden. Es soll damit bewiesen sein, daß die „Mitotase" kein spezifisches Ferment ist und durch jede andere Oxydase oder Peroxydase ersetzt werden kann. Nach FRANK und SALKIND kann danach allgemein gesagt werden: „Die Aktivierung der mitogenen Stoffe, bzw. die damit verknüpfte Entstehung mitogener Strahlung ist offenbar an bestimmte Bezirke mit regerem Stoffwechsel ganz vorwiegend an die Nähe meristematischer Bezirke geknüpft."

Aus dem vorstehend Gesagten ist ersichtlich, daß GURWITSCH ganz neue Bahnen zur Ermittlung der Ursache der Kernteilung beschritten hat. Inwieweit indessen seine Hypothese anerkannt werden kann, müssen weitere Untersuchungen zeigen. Bei der großen Wichtigkeit dieser Frage schien es wichtig, seine Ergebnisse einer genauen Prüfung zu unterziehen. Es genügte zunächst, die grundlegenden Versuche zu wiederholen und eingehend zu analysieren. Außerordentlich wichtig ist dabei vor allem die Methodik; denn es lassen sich gerade in diesem Punkte gegen GURWITSCH und seine Schule vielfache Einwände erheben.

---

[1] In einer nach Abschluß des Manuskriptes erschienenen Arbeit schreibt W. STEMPELL (Sitzungsber. d. med.-naturw. Ges. Münster i. W., Sitzung vom 17. Nov. 1927) der Wurzelspitze von *Allium* eine reduzierende „Fernwirkung" zu. Die normale Zersetzung des Wasserstoffsuperoxyds werde durch die Wurzel beschleunigt.

2. Die Versuchsmethodik.

Im folgenden soll die eigene Versuchsmethodik beschrieben und der von GURWITSCH gegenübergestellt werden. Dabei wird sich Gelegenheit zu einer Kritik der letzteren ergeben.

Bei der Wiederholung des Grundversuches von GURWITSCH, der Homoinduktion durch Luft, wurde folgende Apparatur verwendet. An

Abb. 1. Erklärung im Text.

einem Stativ wurde ein Kreuztisch befestigt, der mit einer Messingplatte versehen war, auf der in einer Petrischale mit Wasser die induzierende Zwiebel lag. Über die horizontal liegende Wurzel selbst wurde eine dünne Glasröhre geschoben, die sich kapillar mit Wasser aus der Petrischale vollsaugte. Zur Aufnahme der zu reizenden Versuchswurzel wurden trichterförmige Glasgefäße angefertigt, wie sie aus der Abb. 1 ersichtlich sind. Das röhrenförmig ausgezogene Ende hatte an der Induktionsstelle ein etwa 3 mm weites Loch. Diese Gefäße wurden, um eine Verstellbarkeit zu erzielen, an einem Mikroskopstativ befestigt. Auf diese Weise war es möglich, das horizontale Wurzelende genau gegenüber dem Loch des senkrechten Röhrchens einzustellen, das die Versuchswurzel enthielt. Diese Wurzel wurde gerade so weit eingeführt, daß ihr Meristem an der Stelle des Loches lag. Die genaue Einstellung wurde mit Hilfe eines Horizontalmikroskopes kontrolliert. Um möglichst natürliche Verhältnisse zu haben, wurden nicht wie bei GURWITSCH halbe, sondern ganze Zwiebeln verwendet. Außerdem wurden die Versuche — im Gegensatz zu GURWITSCH, der am Licht arbeitete — meistens im Dunkeln unternommen und die Zwiebeln selbst auch für fast alle Versuche im Dunkeln auf Gläsern mit Wasser gezogen. Zum Versuch wurden alle Wurzeln bis auf eine abgeschnitten. Die Markierung der Induktionsseite bereitete einige Schwierigkeiten. GURWITSCH stach die induzierte Wurzel mit einer Nadel in der Strahlenrichtung an und schnitt dann schräg ab. Durch diese Abschrägung will er im späteren Präparat die induzierte Seite erkannt haben. Unklar ist es aber, wie es ihm möglich war, die Schrägung an den im erstarrten Paraffin liegenden Wurzeln zu erkennen und sie beim Schneiden richtig zu orientieren, d. h. so, daß die Schnittebene genau der Induktionsrichtung entsprach. Bei dieser Art der Markierung sind Fehler unvermeidlich. Die eigenen Versuche wurden daher auf andere Weise markiert. Eine 10%ige mit Eiweiß geklärte Gelatinelösung wurde mit schwarzer Tusche versetzt, und die Lösung nahezu vollständig erkalten gelassen. Mit dieser zähflüssigen Lösung wurde die zu reizende Wurzel ein Stück oberhalb der geplanten Induktionsstelle bestrichen. Nach Antrocknen der Tusche wurde die Wurzel dann in die Röhre gesteckt. Nach dem Versuch wurde die Markierung durch einen schwarzen Tuschestrich, der sowohl im Paraffin als auch im Schnittpräparat später sichtbar ist, auf der induzierten Seite verlängert. Um ein Austrocknen der Wurzel zu vermeiden, wurde von oben Wasser zugegossen, das während der ganzen Versuchszeit im Röhrchen kapillar festgehalten wurde, so daß das Wurzelmeristem dauernd befeuchtet war. Nach dem Versuch wurde die Wurzel abgeschnitten, nach GILSON fixiert, nach der gewöhnlichen Xylol-Paraffinmethode eingebettet und mit dem Mikrotom in 10 μ dicke Längsschnittserien zerlegt, die mit Eisenhämatoxylin gefärbt wurden.

Ähnliche Versuche wie mit *Allium*-Wurzeln wurden auch mit *Pisum*wurzeln unternommen. Die Methodik ist hier wegen der geringeren Empfindlichkeit der Wurzeln wesentlich einfacher. Auf einer mit feuchtem Filtrierpapier überzogenen Korkplatte wurden Erbsen mit Nadeln aufgespießt und zwar so, daß die auskeimenden Wurzeln senkrecht nach unten wachsen konnten. Zum Versuch wurde die eine Erbse so aufgesteckt, daß die wagerechte Wurzelspitze gegen das Meristem einer senkrecht wachsenden Wurzel gerichtet war. Da die Wurzeln verhältnismäßig dick waren, war die Zentrierung sehr einfach. Bei der induzierenden Wurzel war nur zu beachten, daß sie von Zeit zu Zeit um 180⁰ gedreht wurde, da sonst nach etwa $^{1}/_{2}$—$^{3}/_{4}$ Stunde geotropische Krümmungen eintraten. Wie bei *Allium* wurden auch die *Pisum*-wurzeln teils im Hellen, teils im Dunkeln kultiviert. Die Markierung war hier wesentlich einfacher als bei *Allium*. Durch einen einfachen Tuschestrich nach dem Versuch auf der zugewendeten Seite erhält man tadellose Markierung, die auch wieder in den späteren Schnittbildern sichtbar war. Bei *Pisum* wurde in den Versuchen unterschieden, welche Seite der Wurzel gereizt wurde, ob die Seite, die in der Verlängerung der konvexen Hypokotylseite liegt, die gegenüberliegende oder eine der beiden anderen Flanken. Nach dem Versuch wurden die abgeschnittenen Wurzeln teils nach GILSON, meistens aber nach der Methode von BOUIN-ALLEN [1] fixiert, da diese klarere Bilder lieferte. Die 10 μ dicken Längsschnitte wurden dann wie bei *Allium* weiter behandelt.

Die Zählung der Kerne in den gefärbten Mikrotomschnitten wurde im Gegensatz zu GURWITSCH mit größter Genauigkeit vorgenommen. Während GURWITSCH und seine Schüler im allgemeinen nur die Mitosen in den mittleren Schnitten auszählten (oft nur in vier Schnitten, von denen in den letzten Arbeiten nur die Gesamtsumme der Mitosen auf beiden Seiten veröffentlicht wurde), wurden in den eigenen Versuchen immer die Teilungsbilder in sämtlichen Schnitten gezählt. Die Zählung selbst geschah unter Verwendung eines starken Trockensystems. Zur besseren Übersichtlichkeit wurde in das Okular ein Netzmikrometer eingelegt. Gezählt wurden alle Teilungen im Periblem; es waren also ausgenommen: Calyptra, Dermatogen, Plerom. Basipetal wurde so weit gezählt, bis keine Teilungen mehr auftraten. Dies war gewöhnlich 3—4 mm hinter der Spitze der Fall. GURWITSCH gibt leider nichts Genaues über die Art seiner Zählungen an. An einer Stelle sagt er, daß bei diesen das Dermatogen und das Plerom unberücksichtigt blieben, daß also nur im Periblem, er nennt es „Ploem", gezählt wurde; an anderer Stelle zählt er in allen Geweben bis zur Mittellinie. Man weiß daher nicht, wie er in den einzelnen Fällen vorgegangen ist. Dadurch ist ein zahlenmäßiger Vergleich der Versuchsergebnisse unmöglich gemacht. Auch wird nicht angegeben, welche Teilungsbilder er in die Zählung aufnahm. Einmal spricht er davon, daß er bei den Prophasen beginnt, ein anderes Mal rechnet er vom frühesten Spiremstadium an (vgl. A. GURWITSCH 1923: Die Natur d. spez. Erreg. d. Zelltlg., S. 30; A. und L. GURWITSCH 1925: Weitere Unters. über mitogen. Strahlg.,

---

[1] Die Fixierungsvorschrift findet sich bei: R. BAUCH: Untersuch. üb. zweisporige Hymenomyceten. Zeitschr. f. Botanik 18, 335. 1925/26.

S. 110 und A. Gurwitsch 1926: Das Problem d. Zelltlg., S. 64). Ferner gibt er in seinen Tabellen leider nur die Summe der Mitosen an, die sich in den Schnitten auf der bestrahlten und unbestrahlten Seite finden, sowie deren Differenzen. Es geht also aus seinen Tabellen nicht hervor, aus welchen Teilungsstadien sich das von ihm gefundene Plus ergibt, ob nur bestimmte Phasen sich daran beteiligen, oder ob das Plus sich über alle Phasen gleichmäßig verteilt. Darin liegt ein großer Nachteil der zuweilen noch dadurch vergrößert wird, daß Gurwitsch nicht die asboluten Zahlen, sondern nur die Differenzen veröffentlicht hat. In den letzten Arbeiten werden mehrfach sogar nur die aus allen Schnitten gewonnenen Gesamtsummen der Teilungen für bestrahlte und unbestrahlte Seite angegeben. Die Differenzen werden auch oft nur in Prozenten ausgedrückt. Es sei gleich hier bemerkt, daß die Prophasen oft sehr schwer von Ruhekernen und von Endstadien der Telophasen zu unterscheiden sind, so daß hierin eine Fehlerquelle liegen kann. Nur bei der Zählung der mittleren Phasen ist jeder Irrtum ausgeschlossen. Daher wurden in den eigenen Versuchen zwar alle Teilungen vom ersten Anfang einer Prophase bis zum letzten Rest der Spindel bei Telophasen festgestellt, aber jede Phase für sich registriert. Alle Teilungen, die beim Schneiden nur angeschnitten waren, wurden für voll gerechnet. Wie gesagt, ist die Unterscheidung besonders der Prophasen von den Ruhekernen keine leichte. Bei der raschen Teilungsfolge im Spitzenmeristem sind die Ruhestadien nicht so typisch wie weiter rückwärts in der Streckungszone. Es wurde bei der Zählung möglichst objektiv verfahren, also überall die gleiche Grenze zwischen Ruhekern und Prophase gezogen; trotzdem bleibt diese Abgrenzung zu einem hohen Grade subjektiv und zufällig, so daß von vornherein damit gerechnet werden muß, daß man bei nochmaliger Zählung besonders durch einen anderen Beobachter zu erheblich abweichenden Zahlen kommen kann. Diese Vermutung ließ sich leicht bestätigen. Es wurden probeweise gleiche Stellen in den Schnitten von drei Untersuchern geprüft. Dabei ergaben sich völlig voneinander abweichende Resultate, Übereinstimmung herrschte nur in der Zählung der Spireme. Ich zählte nunmehr selbst an vielen Stellen die Prophasen nochmals und zwar, um möglichst objektiv zu sein, ohne in die Tabellen der ersten Zählung Einsicht zu nehmen. Die bei der zweiten Zählung ermittelten Prophasenzahlen waren von denen der ersten Zählung völlig verschieden. Daraus ergibt sich, daß es ganz unzulässig ist, die ersten Prophasen zu einer derartigen Statistik mit heranzuziehen. Aus diesem Grunde wurde nun für sämtliche Schnitte die Anzahl der Spireme auf beiden Seiten der Wurzel besonders gezählt. Prüfungen ergaben, daß diese sowie die späteren Stadien auch bei wiederholter Zählung stets in gleicher Anzahl wieder aufzufinden waren. Nur aus diesen objektiv feststellbaren Bildern dürfen weitere Schlüsse gezogen werden, und daher wurden auch nur sie in die Tabellen (I—XXIV) aufgenommen. In diesen finden sich also alle Phasen vom Spirem an, die Differenzen der einzelnen Phasen in jedem Schnitt, ferner die Gesamtsummen der beiden Seiten und deren Differenzen. Letztere sind auch in Prozenten ausgedrückt. Das Pluszeichen bedeutet bei den Bestrahlungsversuchen Zunahme der Teilungen auf der „induzierten" Seite, das Minuszeichen Abnahme auf dieser Seite. Bei den Kontrollen, d. h. ohne Annäherung einer induzierenden Wurzel gezogenen Versuchsobjekten, wurde zwischen linker und rechter Seite mit minus und plus unterschieden.

Bei der Herstellung der Präparate war es nicht immer möglich, ganz lückenlose Schnittserien der Wurzeln zu erhalten. Ausgefallene oder im Präparat beschädigte Schnitte wurden in den Tabellen durch Striche bezeichnet. Die Anzahl der bisher ausgezählten Versuche ist keine sehr große, da die genaue Durchmusterung der durch eine einzige Wurzel geführten Schnitte mindestens 1 Woche erfordert.

Bei der Durchzählung der eigenen Schnitte hat sich herausgestellt, daß häufig bei einem Schnitt in der einen Hälfte viele Zellen mit Kernen, auf der anderen Seite dagegen nur kernlose Zellen getroffen wurden. Dadurch werden naturgemäß auch die Mitosendifferenzen plötzlich hoch. Es entsteht aber immer ein Ausgleich dadurch, daß der folgende Schnitt das umgekehrte Bild zeigt. Betrachtet man die ganze Schnittserie, so findet man ein allmähliches Ansteigen der Mitosen bis zur Mediane und dann wieder ein Abfallen. Dies ist leicht erklärlich, da die mittleren Schnitte breiter sind als die Tangentialschnitte. Da sich die Mitosenzahl zeitweilig durch den Teilungsrhythmus erhöhen dürfte, wurden die Versuche zu verschiedenen Tagesstunden vorgenommen. Außerdem ist an Medianschnitten beobachtet worden, daß der Zentralzylinder die Wurzel nicht unbedingt in zwei gleiche Teile zerlegt. Es wurden wechselnde Breiten des Periblems bald auf der einen, bald auf der anderen Seite festgestellt, sowohl bei Induktionsversuchen als auch bei Kontrollen. Daraus ergab sich bald links, bald rechts eine Erhöhung der Mitosenzahl, die sich natürlich immer auf mehrere Schnitte verteilen mußte. Auch auf den obenerwähnten Befund STÅLFELTS über die heterogene Mitosenverteilung sei nochmals hingewiesen.

Auf einen Fehler in einzelnen Angaben von GURWITSCH sei hier noch aufmerksam gemacht. Bei Betrachtung seiner Tabellen fällt es auf, daß die hohe Differenz der Zahlen beider Seiten nicht immer dadurch bewirkt wird, daß auf der bestrahlten Seite die Mitosenzahl gegenüber Nachbarschnitten wächst, sondern auf der abgewendeten Seite eine plötzliche Verminderung eintritt. Ein sehr drastischer Fall sei hier aus den Originaltabellen von GURWITSCH angeführt (Arch. f. mikroskop. Ant. u. Entwicklungsmech. Bd. 105. 1925).

Versuch 1. Induktion durch eine Quarzplatte.

Mitosenzahl a. d.

induz. Seite:	102	150	139	102	118	170	&	146	146	112	134	127	112
nicht induz. Seite:	107	153	145	79	91	115	&	109	116	102	127	126	111
Differenz:	—5	—3	—6	23	27	55	—	37	30	10	1	1	7

& = ein Schnitt ausgefallen.

Es ist bei diesem Versuch deutlich sichtbar, daß die *nicht* induzierte Seite ihre Teilungszahl *vermindert* und die hohen Differenzenzahlen hauptsächlich dadurch erreicht werden. Hier liegt also keineswegs eine Förderung der gereizten Seite vor. Ein ähnlich auffälliges Beispiel findet sich in der Arbeit über „Die Natur des spezifischen Erregers der Zellteilung" (Arch. f. mikroskop. Anat. u. Entwicklungsmech. Bd. 100. 1923) in Versuch 24 (Tabelle S. 39). Worauf solche Abnahmen zurück zu führen sind, läßt sich nicht sagen. Es braucht aber wohl nicht weiter betont zu werden, daß GURWITSCH solche Fälle irrtümlich mit zugunsten seiner Auffassung verwendet.

Neuerdings ist von einem seiner Schüler eine neue Methode der Reizfeststellung ausgearbeitet worden. BARON (1926) benutzte Hefekulturen sowohl als Mittel der Reizung wie auch als Indikator. Es sei hier nicht näher auf die Versuchsanordnung eingegangen; nur die Art der Zählung sei erwähnt. BARON bestrahlt Hefekulturen und zählt die gesamten Zellen und die sprossenden Zellen. Hieraus berechnet er die Sprossungsintensität. Zur Kontrolle zählt er einige Nachbarbezirke neben der gereizten Zone aus und vergleicht dann die Sprossungsintensitäten der gereizten und ungereizten Bezirke. Diese Methode scheint aber, nach den Angaben des Verfassers zu urteilen, noch eine Menge Ungenauigkeiten einzuschließen.

3. Eigene Versuche.

Zur Kontrolle der GURWITSCHschen Angaben wurden zunächst die prinzipiellen Versuche mit Wurzeln von *Allium Cepa* wiederholt, später wurde auch mit Wurzeln von *Pisum sativum* experimentiert. Hierbei wurden die Versuche durch verschiedene Induktionszeiten, verschieden lange Pausen zwischen Exposition und Fixierung und durch Reizung mit mehreren Wurzeln variiert. Zur Kontrolle wurden auch normale, d. h. ungereizte Wurzeln ausgezählt. Außerdem wurden noch verschiedene Reihen anderer Versuche zum Nachweis der mitogenetischen Strahlen unternommen, über die weiter unten berichtet werden soll.

I. Induktionsversuche.

Es wurden also mit *Allium*- und *Pisum*-Wurzeln nach obiger Methodik eine größere Anzahl von Induktionsversuchen vorgenommen. Bei den ersten Zählungen fand sich tatsächlich eine Mitosenzunahme auf der gereizten Seite der Wurzeln, die sich sowohl in der Gesamtsumme der Teilungen als auch in den Schnitten in der Nähe der Medianebene bemerkbar machte. Darin schien eine Bestätigung der Annahme von Gurwitsch zu liegen. Es war nun zu prüfen, ob sich die Zunahme gleichmäßig auf alle Phasen verteile. Aus den Zählungstabellen, in welchen, wie erwähnt, die verschiedenen Phasen gesondert eingetragen worden waren, ergab sich, daß das Plus bei den meisten Versuchen ausschließlich durch Prophasen bedingt wurde, oder daß diese 50—80% des Gesamtplus ausmachten. Das galt sowohl für die Gesamtsummen aller Teilungen auf beiden Seiten als auch für die mittlere Zone, also für jene Partie, die angeblich gereizt war. Nun wurden die Prophasen nochmals gezählt. Es ergaben sich, wie schon erwähnt, von den früheren völlig abweichende Zahlen. Eine Zunahme der Gesamtmitosenzahl auf der gereizten Seite war nur mehr bei einigen Wurzeln zu konstatieren, bei anderen war die Gesamtzahl auf der ungereizten Seite höher. Dasselbe gilt für die mittleren Schnitte. Bald enthielten sie auf der einen, bald auf der anderen Seite mehr Teilungen. Bei der zweiten Zählung waren die Spireme als die allein objektiv feststellbaren Prophasenbilder separat gezählt worden. In der nachfolgenden Übersichtstabelle (Tabelle 1) sind die Gesamtzahlen der Spireme, Meta-, Ana- und Telophasen für beide Wurzelseiten aus allen Versuchen zusammengestellt. Die zweite Tabelle enthält die daraus resultierenden Differenzen beider Seiten für die einzelnen Phasen und die Gesamtdifferenz beider Seiten. Letztere ist auch in Prozenten angegeben, und zwar beziehen sich diese auf die Zu- bzw. Abnahme der induzierten Seite gegenüber der Gegenseite. Die Tabellen lehren, daß die Anzahl der Mitosen niemals auf beiden Seiten gleich ist. Doch finden sich Fälle, in welchen die Seitendifferenz klein ist (Tabelle V, VII, IX, XII und XIII), in anderen sind die Unterschiede groß, doch liegt das Plus bald auf der induzierten Seite (Tabelle II, III, VI, VIII, XI und XV), bald auf der anderen (Tabelle I, IV, X und XII). *Daraus geht klar hervor, daß von einer Erhöhung der Gesamtmitosenzahl auf der angeblich induzierten Seite gegenüber der anderen nicht die Rede sein kann.*

Wenden wir uns nun den Zählungsergebnissen zu, die nur die Schnitte in der Nähe der Medianebene betreffen, also in jener Zone, die nach Gurwitsch gereizt worden sein soll. Für diese Zählung wurden stets die elf mittelsten Schnitte gewählt, und zwar der Medianschnitt sowie je fünf der sich beiderseits unmittelbar an ihn anschließenden Schnitte. Der Medianschnitt wurde durch mikroskopische Beobachtung festgestellt und nicht als Mittelschnitt der gesamten Schnittserie berechnet. Für *Allium*-Wurzeln ist diese Feststellung leicht, da der Pleromzylinder in der Mitte eine Säule großvolumiger Zellen hat. Bedeutend schwieriger war die Bestimmung bei *Pisum*-Wurzeln. Als Medianschnitt wurde

Tabelle 1. Summen der Teilungsphasen und Gesamtsumme der Teilungen in der ganzen Wurzel.

Tabelle Nr.	Spireme		Metaphasen		Anaphasen		Telophasen		Summe	
	A	Z	A	Z	A	Z	A	Z	A	Z
*I	932	949	284	284	115	84	230	127	1561	1444
*II	1464	1471	416	378	197	214	482	615	2558	2677
*III	585	640	309	408	178	202	346	362	1418	1612
*IV	1055	989	239	214	120	99	293	273	1707	1575
*V	1023	1044	241	220	120	142	602	596	1986	2002
**VI	257	315	42	71	21	32	162	144	482	562
**VII	15	17	19	10	2	5	8	8	44	40
**VIII	546	575	513	570	101	106	579	561	1739	1812
**IX	140	137	40	43	10	7	50	68	240	255
*X	490	470	205	182	136	115	317	316	1148	1083
**XI	135	162	37	50	8	16	19	33	199	261
*XII	607	540	394	407	189	217	247	263	1437	1427
* XIII	224	181	75	113	65	67	80	112	444	473
**XIV	251	248	81	98	18	39	54	59	404	444
**XV	298	302	512	522	155	156	224	272	1189	1252

* = *Allium Cepa*, ** = *Pisum sativum*, ebenso in den Tabellen 2—4.

Tabelle 2. Differenzen der Teilungsphasen und Gesamtdifferenz der Mitosen in der ganzen Wurzel.

Tabelle Nr.	D_{Sp}	D_M	D_A	D_T	D_S	$\%_S$
*I	+ 17	0	— 31	— 103	— 117	— 8,10
*II	+ 7	— 38	+ 17	+ 133	+ 119	+ 4,66
*III	+ 55	+ 99	+ 24	+ 16	+ 194	+ 13,68
*IV	— 66	— 25	— 21	— 20	— 132	— 8,38
*V	+ 21	— 21	+ 22	— 6	+ 16	+ 0,80
** VI	+ 58	+ 29	+ 11	— 18	+ 80	+ 16,59
**VII	+ 2	— 9	+ 3	0	— 4	— 10,00
**VIII	+ 29	+ 57	+ 5	— 18	+ 73	+ 4,21
**IX	— 3	+ 3	— 3	+ 18	+ 15	+ 6,25
*X	— 20	— 23	— 21	— 1	— 65	— 6,00
**XI	+ 27	+ 13	+ 8	+ 14	+ 62	+ 31,15
*XII	— 67	+ 13	+ 28	+ 16	— 10	— 0,70
*XIII	— 43	+ 38	+ 2	+ 32	+ 29	+ 6,53
**XIV	— 3	+ 17	+ 21	+ 5	+ 40	+ 9,90
**XV	+ 4	+ 10	+ 1	+ 48	+ 63	+ 5,29

immer der Schnitt angenommen, bei dem der Pleromzylinder am weitesten in die Wurzelspitze hineinragte und die Periblemzellreihen einen geschlossenen Bogen bildeten und nicht wie in den weiter außen liegenden Schnitten auskeilten. Der Medianschnitt ist in den Tabellen

Tabelle 3. Summen der Teilungsphasen und Gesamtsumme der Teilungen in 11 medianen Schnitten.

Tabelle Nr.	Schnitt-Nr.	Spireme		Metaphasen		Anaphasen		Telophasen		Summe	
		A	Z	A	Z	A	Z	A	Z	A	Z
*I	55—65	140	147	50	57	22	18	36	25	248	247
*II	40—50	257	280	70	76	45	37	80	112	452	505
*III	32—42	62	102	58	103	28	34	67	76	215	315
*IV	39—49	176	134	46	28	23	20	35	33	280	215
*V	21—31	228	243	35	38	34	36	145	123	442	440
**VI	33—43	92	109	10	17	4	10	45	40	151	176
**VII	44—54	9	10	6	7	1	3	1	2	17	22
**VIII	28—38	72	79	85	104	18	17	110	94	285	294
*IX	35—45	58	33	13	5	5	2	18	18	94	58
**X	38—48	114	112	56	50	35	27	64	88	269	277
**XI	30—40	24	46	12	8	2	3	5	4	43	61
*XII	30—40	187	153	84	124	27	62	50	80	348	419
*XIII	18—28	77	57	39	45	24	21	34	43	184	166
**XIV	23—33	84	75	36	44	8	19	21	18	149	156
**XV	47—57	61	49	80	103	31	34	47	60	219	246

Tabelle 4. Differenzen der Teilungsphasen und Gesamtdifferenz der Mitosen in 11 medianen Schnitten.

Tabelle Nr.	Schnitt Nr.	D_{Sp}	D_M	D_A	D_T	D_S	$\%_S$
*I	55—65	+ 7	+ 7	— 4	— 11	— 1	— 0,40
*II	40—50	+ 23	+ 6	— 8	+ 32	+ 53	+ 11,72
*III	32—42	+ 40	+ 45	+ 6	+ 9	+ 100	+ 46,04
*IV	39—49	— 42	— 18	— 3	— 2	— 65	— 30,23
*V	21—31	+ 15	+ 3	+ 2	— 22	— 2	— 0,45
**VI	33—43	+ 17	+ 7	+ 6	— 5	+ 25	+ 16,55
**VII	44—54	+ 1	+ 1	+ 2	+ 1	+ 5	+ 29,41
**VIII	28—38	+ 7	+ 19	— 1	— 16	+ 9	+ 3,15
**IX	35—45	— 25	— 8	— 3	0	— 36	— 62,07
*X	38—48	— 2	— 6	— 8	+ 24	+ 8	+ 2,97
**XI	30—40	+ 22	— 4	+ 1	— 1	+ 18	+ 41,68
*XII	30—40	— 34	+ 40	+ 35	+ 30	+ 71	+ 20,40
*XIII	18—28	— 20	+ 6	— 3	+ 9	— 18	— 10,84
**XIV	23—33	— 9	+ 8	+ 11	— 3	+ 7	+ 4,69
**XV	47—57	— 12	+ 23	+ 3	+ 13	+ 27	+ 12,32

durch + vor der Schnittnummer gekennzeichnet. Er befindet sich in den Tabellen nicht immer genau in der Mitte. Das liegt daran, daß die in Paraffin eingebetteten Wurzeln nicht immer ganz gerade und daher nicht ihrer ganzen Länge nach parallel dem Messer zu orientieren sind. Dadurch wird oft die Wurzelspitze mit der Meristemzone etwas früher oder später median durchschnitten als die weiter basipetal liegenden

Teile. Es konnte aber durch die Markierung immer festgestellt werden, daß die Medianschnitte in der bestrahlten Zone lagen. Die Ergebnisse der Zählung im medianen Teil der Wurzeln enthalten nachfolgende zwei Tabellen. Es sind in Tabelle 3 die Summen der einzelnen Phasen auf beiden Seiten und die Gesamtsummen enthalten; in Tabelle 4 die zugehörigen Differenzen. ·Die hohen Gesamtdifferenzen in dieser mittleren Zone können leicht täuschen. Sie erklären sich einfach daraus, daß in den Medianschnitten an sich mehr Kerne sind, daher auch mehr Mitosen und auch größere absolute Differenzen. Prozentual betrachtet sind sie nicht höher als die an seitlichen Schnitten auftretenden Unterschiede. Vor allem liegt aber auch hier das Plus bald auf der induzierten Seite (Tabelle II, III, VI, XI, XII und XV), bald auf der anderen (Tabelle IV, IX und XIII). *Somit ist auch in der mittleren Zone keine Bevorzugung der induzierten Seite zu erkennen.*

In einer Anzahl von Fällen treten in den mittleren Schnittreihen durchgängig auf der einen Seite höhere Mitosenzahlen auf als auf der anderen. Es schien daher wichtig zu prüfen, ob nicht auch an anderen Stellen solche „Plus"- oder „Minusreihen" zu finden sind und ob diese, wenn sie nicht absolut sondern prozentual gewertet werden, nicht ebenso große relative Differenzen ergeben. Dies ist tatsächlich der Fall. Es seien dafür in folgender Zusammenstellung (Tabelle 5) einige Beispiele angeführt.

Tabelle 5.

Phasen	Pluszonen Schnitt Nr.	Minuszonen Schnitt Nr.
Tabelle III. *Allium* 3 h. 3 mm. Dunkel.		
Spirem . . .	13—16, 30 – 35, 37—41	—
Metaphase .	34—43	—
Anaphase . .	49—55	—
Telophase. .	44—51	15—28
Summe . . .	12—16, 30—42, 48—51	17—29
Tabelle XV. *Pisum.* 3 h. 2 mm. Dunkel. 3 Wurzeln.		
Spirem . . .	79—82	48—53, 56—62
Metaphase .	44—53, 77—80, 83—87	40—43, 54—57, 63—66
Anaphase . .	—	—
Telophase. .	71—74	75—80
Summe . . .	44—50, 79—83	62—66

Aus obigen Beispielen und bei näherer Betrachtung der Tabellen I bis XXIV ist ersichtlich, daß an verschiedenen Stellen Zonen mit aufeinanderfolgenden Plus- oder Minuswerten auftreten, die kürzer oder länger sein können als die nahe der Medianebene. Eine prozentuale Wertung solcher seitlicher Reihen kann ebenso hohe oder auch noch höhere Prozentzahlen geben wie in der Mitte.

In den einzelnen Versuchen wurden folgende Induktionszeiten gewählt und folgende Pausen zwischen Induktion und Fixierung eingeschaltet:

Tabelle 6.

Tabelle Nr.	Objekt	Induktionszeit h	Fixierung nach h	Entfernung mm	Bemerkung
I	*Allium*	$2^1/_2$	sofort	2,5	hell
II	,,	$2^1/_2$	,,	3,0	dunkel
III	,,	3	,,	3,0	,,
IV	,,	4	,,	3,0	,,
V	,,	$5^1/_4$	,,	3,5	,,
VI	*Pisum*	$1^h\,50^m$	,,	1,0	hell
VII	,,	2	,,	2,0	,,
VIII	,,	$2^1/_4$	,,	1,0	,,
IX	,,	3	,,	1,0	Gewächshaus
X	*Allium*	2	2	2,0	dunkel
XI	*Pisum*	$2^1/_2$	sofort	bis Kontakt	hell
XII	*Allium*	$1^3/_4$	,,	3—7	dunk., 3 Wurzeln
XIII	,,	$1^3/_4$	,,	3,0	dunk., 5 Wurzeln
XIV	*Pisum*	$2^1/_2$	,,	2,0	dunk., 3 Wurzeln
XV	,,	3	,,	2,0	dunk., 3 Wurzeln

In dieser Zusammenstellung ist auch angegeben, in welchen Fällen mit mehreren Wurzeln gereizt wurde. Ein Ansteigen der Mitosenzahl bei längerer Induktionszeit war nirgends zu beobachten, ebensowenig in den Versuchen, in welchen mehrere Wurzeln zur Induktion ver

Tabelle 7. Summen der Teilungsphasen und Gesamtsumme der Teilungen in der ganzen Wurzel.

Tabelle Nr.	Spireme		Metaphasen		Anaphasen		Telophasen		Summe	
	A	*Z*	*A*	*Z*	*A*	*Z*	*A*	*Z*	*A*	*Z*
**XVI	397	364	100	96	40	39	138	128	675	627
**XVII	665	647	534	560	201	204	322	326	1722	1737
**XVIII	1129	1067	496	502	151	210	399	441	2175	2220
	L	*R*	*L*	*R*	*L*	*R*	*L*	*R*	*L*	*R*
*XIX	517	574	312	314	110	129	227	264	1166	1281
*XX	497	556	407	412	257	253	345	344	1506	1565
*XXI	1540	1590	226	222	71	62	255	193	2092	2067
**XXII	113	111	221	214	64	66	360	292	758	683
**XXIII	456	424	833	867	228	214	598	626	2115	2131
**XXIV	505	474	658	586	156	189	338	347	1657	1596

* *Allium Cepa.* ** *Pisum sativum*, ebenso in den Tabellen 8—11.

Tabelle 8. Differenzen der Teilungsphasen und Gesamtdifferenz der Mitosen in der ganzen Wurzel.

Tabelle Nr.	D_{Sp}	D_M	D_A	D_T	D_S	$\%_S$
**XVI	− 33	− 4	− 1	− 10	− 48	− 7,65
**XVII	− 18	+ 26	+ 3	+ 4	+ 15	+ 0,87
**XVIII	− 62	+ 6	+ 59	+ 42	+ 45	+ 2,06
*XIX	+ 57	+ 2	+ 19	+ 37	+ 115	+ 9,85
*XX	+ 59	+ 5	− 4	− 1	+ 59	+ 3,92
*XXI	+ 50	− 4	− 9	− 62	− 25	− 1,21
**XXII	− 2	− 7	+ 2	− 68	− 75	− 10,98
**XXIII	− 32	+ 34	− 14	+ 28	+ 16	+ 0,75
**XXIV	− 31	− 72	+ 33	+ 9	− 61	− 3,82

Tabelle 9. Summen der Teilungsphasen und Gesamtsumme der Teilungen in 11 medianen Schnitten.

Tabelle Nr.	Schnitt Nr.	Spireme		Metaphasen		Ana-phasen		Telo-phasen		Summe	
		A	Z	A	Z	A	Z	A	Z	A	Z
**XVI	38—48	54	48	9	10	6	8	23	24	92	90
**XVII	63—73	151	129	121	127	35	39	50	60	357	355
**XVIII	34—44	237	198	93	70	16	28	59	59	405	355
		L	R	L	R	L	R	L	R	L	R
*XIX	46—56	68	75	42	37	12	14	20	19	142	145
*XX	80—90	145	159	69	74	31	53	64	71	309	357
*XXI	44—54	221	224	34	32	8	7	28	23	291	286
**XXII	31—41	38	34	56	48	15	11	82	74	191	167
**XXIII	53—63	68	44	141	164	31	34	89	83	329	325
**XXIV	55—65	89	99	127	143	29	46	51	59	296	347

Tabelle 10. Differenzen der Teilungsphasen und Gesamtdifferenz der Mitosen in 11 medianen Schnitten.

Tabelle Nr.	Schnitt Nr.	D_{Sp}	D_M	D_A	D_T	D_S	$\%_S$
**XVI	38—48	− 6	+ 1	+ 2	+ 1	− 2	− 2,22
**XVII	63—73	− 22	+ 6	+ 4	+ 10	− 2	− 0,56
**XVIII	34—44	− 39	− 23	+ 12	0	− 50	− 1,40
*XIX	46—56	+ 7	− 5	+ 2	− 1	+ 3	+ 2,11
*XX	80—90	+ 14	+ 5	+ 22	+ 7	+ 48	+ 15,53
*XXI	44—54	+ 3	− 2	− 1	− 5	− 5	− 1,74
**XXII	31—41	− 4	− 8	− 4	− 8	− 24	− 14,37
**XXIII	53—63	− 24	+ 23	+ 3	− 6	− 4	− 1,23
**XXIV	55—65	+ 10	+ 16	+ 17	+ 8	+ 51	+ 17,22

wendet wurden. Dies spricht sehr gegen die Theorie von GURWITSCH, da überall viel mehr Ruhekerne als sich teilende Kerne vorhanden sind, eine Steigerung des Effektes also sehr wohl möglich gewesen wäre.

Zur Beurteilung der Resultate an induzierten Wurzeln war ein Vergleich mit nicht induzierten Kontrollwurzeln erforderlich. Diese wurden in der gleichen Weise wie die ersteren gezüchtet. Es sind die Schnitte aus sechs solchen Kontrollen ausgezählt worden (Tabelle XIX—XXIV), und zwar je drei *Allium-* und *Pisum-*Wurzeln. Ferner wurden einige Induktionsversuche angestellt, bei welchen die induzierende Wurzel durch Durchschneiden des Hypokotyls isoliert oder ihr selbst die Spitze genommen wurde (Tabelle XVI—XVIII). Eine Zusammenfassung dieser Tabellen bringen die Übersichten Tabelle 7 und 8, und zwar

Tabelle 11.

Tabelle Nr.	Spirem	Metaphase	Anaphase	Telophase
*I	62,59	18,90	6,62	11,88
*II	56,06	15,16	7,85	20,95
*III	40,42	23,66	12,54	23,36
*IV	62,27	13,80	6,67	17,24
*V	51,83	11,55	6,56	30,04
**VI	54,78	10,82	5,07	29,31
**VII	38,09	34,52	8,33	19,04
**VIII	31,56	30,49	5,82	32,10
**IX	55,95	16,76	3,43	24,04
*X	43,03	17,34	11,25	28,37
**XI	64,56	18,91	5,21	11,30
*XII	40,04	27,94	14,17	17,80
*XIII	44,16	20,50	14,39	20,94
**XIV	58,84	21,10	6,72	13,32
**XV	24,58	42,35	12,74	20,32
**XVI	58,44	15,05	6,06	20,43
**XVII	37,93	31,62	11,70	18,73
**XVIII	49,96	22,70	7,23	19,11
*XIX	44,58	25,58	9,76	20,06
*XX	34,28	26,66	16,60	22,43
*XXI	75,25	10,77	3,19	10,77
**XXII	15,54	30,18	9,02	45,24
**XXIII	20,72	40,03	10,40	28,82
**XXIV	30,09	38,24	10,60	21,05
Mittelwerte der Versuche	48,61	21,84	8,46	21,01
Mittelwerte d. Kontrollen	36,74	28,57	9,92	24,72

Tabelle 7 die Summen der einzelnen Phasen und die Gesamtsumme beider Seiten und Tabelle 8 die dazugehörigen Differenzen.

Ein Vergleich der Kontrollen mit den früheren Bestrahlungsversuchen läßt erkennen, daß prinzipielle Unterschiede nicht vorhanden sind. Die auftretenden Differenzen halten sich in den gleichen Grenzen wie bei den Induktionsversuchen. Auch „Plus"- bzw. „Minusreihen" treten hier wie dort auf.

Berechnet man auch hier die Summen der 11 Medianschnitte für jede Phase und wertet sie prozentual aus, so ergibt sich ein ähnliches Bild wie in den Bestrahlungsversuchen. Die Tabellen 9 und 10 bringen diese Zusammenstellung sowohl für die Versuche, die mit beschädigter induzierender Wurzel vorgenommen wurden, als auch für die Kontrollen. Ein Beispiel für die Zonenbildung erübrigt sich wohl, da diese leicht aus den Tabellen (XVI—XXIV) ersichtlich sind.

Wie ist nun die prozentuale Verteilung der einzelnen Phasen zur Gesamtmitosenzahl? STÅLFELT gibt in seiner Arbeit über die Periodizität, die in gewissem Sinne eine Kontrolle für obige Versuche bedeutet, 28% für die Prophasen (Spireme) an. Es folgt hier eine prozentuale Berechnung der einzelnen Phasen (siehe Tabelle 11).

Auch wenn man Versuche und Kontrollen von diesem Gesichtspunkte aus betrachtet, findet man bedeutende Übereinstimmung zwischen normalen und gereizten Wurzeln. Die Werte unterliegen in beiden Fällen gleichen Schwankungen. Bei den Mittelwerten sind die Strahlungsversuche in dem Spiremstadium etwas höher und in der Metaphase niedriger, während die Ana- und Telophase annähernd übereinstimmen. Der prozentuale Unterschied zwischen Kontrollen und Versuchen beträgt in den ersten beiden Stadien $\pm$ 31%, in den beiden letzten $+$ 17%.

Nach all diesen Versuchsergebnissen kann also von einer gegenseitigen Beeinflussung der Wurzeln nicht die Rede sein.

II. Andere Versuche.

a) Klinostatenversuche.

Wenn tatsächlich die Wurzeln durch gegenseitige Beeinflussung zu Zellteilungen angeregt werden, so muß eine Zellvermehrung resultieren; erfolgt die Induktion einseitig, so müßte die induzierte Seite also länger werden, eine Krümmung der Wurzel eintreten. Im allgemeinen treten Krümmungen an Wurzeln erst in der Streckungszone auf, sie waren demnach auch im gegebenen Fall am ehesten an dieser Stelle zu erwarten. Damit eventuelle Krümmungen nicht durch geotrope Gegenreaktionen gestört werden konnten, wurden zwei senkrecht aufeinander gerichtete *Pisum*-Wurzeln in einer feuchten Kammer am Klinostaten an der horizontalen Achse rotiert. Es wurde eine Reihe von Versuchen mit ganz verschiedener Zeitdauer ausgeführt. Die Versuche fanden im

Dunkeln in den Monaten Januar bis April und September 1926 statt. Die Entfernung der beiden Wurzeln betrug etwa 1—2 mm, die Rotation dauerte 2—25 Stunden mit dauernder oder kürzerer Induktion. Die meisten Wurzeln waren schließlich ungekrümmt; nur 5 von 13 Wurzeln zeigten hinter der Meristemzone eine Krümmung, die indessen nach verschiedenen Richtungen erfolgte. Wahrscheinlich handelte es sich in allen Fällen um hydrotropische Krümmungen. Das Ergebnis aller Versuche war also vollständig negativ. Man könnte einwenden, daß die Strahlen bei der langen Induktionszeit durch die Wurzel durchdringen und dann auch in der abgewendeten Hälfte stärker mitosenerregend wirken und dadurch das Eintreten einer Krümmung unmöglich machen. Dem entgegen steht aber das Ausbleiben von Krümmungen an Wurzeln, bei denen eine kürzere Induktionszeit gewählt wurde und die darauf noch lange rotierten, um ungestört Krümmungen ausführen zu können. Eine Erklärung für das Ausbleiben der Krümmungen ließe sich freilich auch auf anderem Wege finden. Man könnte nämlich darauf hinweisen, daß auch der Tagesperiodizität der Zellteilung nach STÅLFELT keine Periodizität des Streckungswachstums folgt. Es ergibt sich vielmehr ein allmählicher Ausgleich. Ein solcher könnte auch bei obigen Versuchen stattfinden und das Eintreten von Krümmungen verhindern.

b) Einwirkung auf photographische Platten.

Wenn tatsächlich Strahlen, die aus der Pflanze austreten können, Zellteilungen anregen, so müßten sie wohl auch photographische Platten beeinflussen. GURWITSCH glaubt freilich seinen Strahlen die Wellenlänge von nur 1900—2000 Å.E. zuschreiben zu sollen; immerhin lohnte es sich, den einfachen Versuch zu machen, ob photographische Platten irgendwie verändert würden. GURWITSCH bezweifelt in einer nach Abschluß des Manuskriptes erschienenen Mitteilung, wie schon eingangs bemerkt wurde, diese Möglichkeit. Wenn aber wirklich, wie er meint, die Strahlenintensität der Wurzeln etwa $^1/_{200}$ der Intensität beträgt, die er künstlich erzeugte, so müßten bei einer 200mal so großen Expositionszeit auch die mitogenetischen Strahlen die Platte schwärzen. Die ausreichenden Expositionszeiten betrugen in seinen Versuchen für die künstlich erzeugten Strahlen 1 bzw. 10 Minuten. Daraus ergaben sich also für die Wurzelstrahlen Expositionszeiten von 200—2000 Minuten, also höchstens 33 Stunden. Meine Expositionszeiten waren zum Teil länger.

Die hierbei angewandte Versuchsanordnung war folgende. Ein niedriger Glaszylinder wurde zu $^3/_4$ seiner Höhe mit feuchtem Filtrierpapier ausgekleidet. Unter die untere Öffnung wurde die lichtempfindliche Platte gelegt, während oben die Zwiebel mit den Wurzeln aufgesetzt wurde, so daß die Wurzeln die Platte nicht berühren konnten. Über den Zylinder wurde eine Glasglocke gestellt, die von der Innenseite mit feuchtem Filtrierpapier ausgekleidet war. Die ganze Versuchsanordnung wurde mit einem Dunkelsturz versehen, und es wurde in der Dunkelkammer gearbeitet. Gleichzeitig wurden immer Kontrollen unter genau denselben Bedingungen, aber ohne Zwiebel ausgeführt.

Ähnlich war die Versuchsanordnung für *Pisum*-Wurzeln. Die Erbsen wurden durch Nadeln an einem mit feuchtem Filtrierpapier überzogenen Stück Kork festgehalten, während die Platte unter die Enden der frei herabhängenden Wurzeln gelegt wurde. Im übrigen war die Anordnung genau wie bei *Allium*.

Als Plattenmaterial dienten zunächst sehr verschiedene Sorten: Agfa-Röntgenplatte, Agfa-Röntgenzahnfilm, Agfa-Extrarapidplatte, Hauff Orthochromatisch-Extrarapidplatte.

Die Belichtungszeit wurde variiert zwischen 6 und 20 Stunden. Die mit Rodinal oder Metol-Hydrochinon entwickelten Platten ergaben negative Resultate. Es scheiden also Strahlen von größeren Wellenlängen aus und solche, die auf Röntgenplatten wirken, nicht aber die von GURWITSCH angegebenen ultravioletten Strahlenbezirke, da diese durch die Gelatine der Plattenemulsion absorbiert werden.

Es ist nun eine den Physikern bekannte Tatsache, daß man photographische Platten für kurzwellige Lichtstrahlen sensibilisieren kann, wenn man sie mit einer hauchdünnen Schicht von Paraffinum liquidum oder Oleum Vaselini überzieht. Die Wirkung der kurzwelligen Strahlen beruht dabei auf der Erregung von Fluoreszenz an der Ölschicht, die nun ihrerseits photochemisch wirksame Lichtstrahlen aussendet. Auf diese Weise wurde von den obengenannten Plattensorten die letzte mit Paraffinum liquidum in verschieden dicken Schichten sensibilisiert und der Wurzeleinwirkung 28—49 Stunden ausgesetzt. Vor dem Entwickeln wurden die Platten kurze Zeit in Aceton gebadet, um die Fettschicht abzulösen. Auch diese Versuche, die an und für sich ein positives Ergebnis haben könnten, waren negativ. Dies spricht gegen GURWITSCH, doch bleibt die Möglichkeit, daß die Intensität der Strahlen zu schwach war, um die notwendige Fluoreszenz hervorrufen zu können. Derselbe Einwand läßt sich gegen den Befund erheben, daß abgeschnittene oder an der Zwiebel belassene Wurzeln am Bariumplatincyanürschirm kein Fluoreszenzlicht hervorrufen. Immerhin wird dadurch und durch die Nichtbeeinflussung von Röntgenplatten auch bei sehr langer Expositionszeit die Möglichkeit, daß es sich um Strahlen aus dem Wellenlängenbereich der Röntgenstrahlen handelt, so gut wie ausgeschlossen.

Schließlich wurden noch Versuche mit den sogenannten „Schumannplatten" der Firma Adam Hilger Ltd., London, angestellt. Diese Spezialplatten sind für die von GURWITSCH angeführten Wellenlängen empfindlich. Die Versuchsanordnung blieb dieselbe. Auch hier wurden jedesmal entsprechende Kontrollen ausgeführt. Die Ergebnisse waren negativ. Außerdem wurde noch ein Versuch mit einer auf Agar wachsenden Hefekultur unternommen. Dabei wurde die Petrischale, in der sich die Kultur befand, einfach mit der offenen Seite nach unten über die Schumann-Hilgerplatte gestülpt. Das Ganze wurde wiederum mit einer Glasglocke mit feuchtem Filtrierpapier und schließlich mit einem Dunkelsturz überdeckt. Das Ergebnis war ebenfalls negativ.

4. Schluß.

Alle Angaben, die GURWITSCH in seinen zahlreichen Arbeiten über die grundlegende Frage macht, wie er seine Zählungen vorgenommen und bewertet hat, sind so ungenau, daß das Resultat dieser Zählungen keinen überzeugenden Beweis für seine Theorie erbringen kann. Diese Ungenauigkeit scheint sich aber auch auf seine Zählungen selbst zu erstrecken. Meine Nachuntersuchung hat nämlich ergeben, daß in allen untersuchten Fällen keine Vermehrung der Mitosen auf der „induzierten" Seite festzustellen war, somit von mitogenetischen Strahlen nichts zu bemerken ist. Nach diesem Ergebnis wird man ihre Existenz füglich bezweifeln müssen [1]. Es hat sich auch ergeben, an welcher Stelle der Irrtum liegen kann, der GURWITSCH wahrscheinlich unterlaufen ist. Ich konnte bei einer ersten Zählung auch ein Teilungsplus auf der gereizten Seite konstatieren, das aber ausschließlich auf einer vermehrten Anzahl von ersten Prophasen beruhte. Diese Prophasenvermehrung war indessen nur eine scheinbare, ein zufälliges Zählungsresultat, denn eine nochmalige Zählung der Prophasen lieferte ganz andere Werte, die eine Bevorzugung der gereizten Seite nicht mehr erkennen ließen. Die ersten Prophasen dürfen also bei einer Statistik nicht mit verwendet werden, da ihre Abgrenzung gegen Ruhekerne eine willkürliche und zufällige ist. GURWITSCH hat sie aber nach eigener Angabe mitgezählt. Verläßlich ist nur das Ergebnis, welches ausschließlich Spireme, Meta-, Ana- und Telophasen berücksichtigt. Dieses Ergebnis besteht aber darin, daß prinzipielle Unterschiede in beiden Wurzelseiten nicht vorhanden sind, ebensowenig finden sich Unterschiede in Versuchs- und Kontrollwurzeln.

Eine weitere Fehlerquelle liegt darin, daß oft in einer Reihe aufeinanderfolgender Schnitte die Mitosen auf einer Seite vorherrschen. Liegen solche Plusreihen in der Mitte auf der induzierten Seite, so täuschen sie ein Ergebnis im Sinne von GURWITSCH vor. Daß es sich um eine Täu-

---

[1] Nach Abschluß des Manuskriptes erschien im Biol. Zentralbl. 47, H. 11 eine Arbeit von N. WAGNER, in der sich der Autor für die Theorie von GURWITSCH ausspricht. Daß seine Versuchsergebnisse diese Theorie keineswegs beweisen, vielmehr durchaus gegen sie sprechen, hat GUTTENBERG im Biol. Zentralbl. 48, H. 1 bereits auseinandergesetzt, so daß hier nicht näher darauf eingegangen zu werden braucht.

schung handelt, geht daraus hervor, daß solche Plusserien auch an den nicht bestrahlten Tangentialschnitten und auch auf der Gegenseite auftreten. Bei alleiniger Betrachtung der mittelsten Schnitte kann ein Irrtum besonders deshalb leicht unterlaufen, weil in diesen Schnitten an sich die meisten Kerne, daher auch die meisten Mitosen und die größten *absoluten* Differenzen beider Seiten auftreten. *Prozentual* gewertet sind die Differenzen aber nicht größer als an tangentialen Schnittserien.

Von den vielen Ergebnissen anderer Forscher, die sich mit den Anschauungen von Gurwitsch kaum vereinen lassen, sei eines herausgegriffen. Kotte (1923) ist es gelungen, abgeschnittene Wurzelmeristemzonen von *Pisum sativum* und *Zea mays* auf organischen Nährböden keimfrei zu züchten. „Die Zellen des isolierten Meristems vermochten sich tagelang zu teilen, zu wachsen und sich zu normalem Dauergewebe zu differenzieren." Die Teilungen im Meristem waren hier, ohne daß irgendeine Beeinflussung von seiten anderer Gewebe möglich war, eingetreten.

Zum Schluß ist es mir eine angenehme Pflicht, auch an dieser Stelle Herrn Prof. H. v. Guttenberg, dem ich die Anregung zu dieser Arbeit verdanke, für die freundliche Leitung und Unterstützung der Arbeit sowie auch Herrn Privatdozenten Dr. R. Bauch für sein Interesse meinen herzlichsten Dank auszusprechen. — Die Arbeit wurde von der Philosophischen Fakultät der Universität Rostock als Preisschrift angenommen.

Zitierte Literatur.

Anikin, A. W. (1926): Das Nervensystem als Quelle mitogenetischer Strahlung. 15. Mitt. üb. mitog. Strahlg. u. Indukt. W. Roux' Arch. f. Entwicklungsmech. d. Organismen 108, H. 4. — **Baron, M. A.** (1926): Über mitogenetische Strahlung bei Protisten. 16. Mitt. üb. mitog. Strahlg. Ebenda 108, H. 4. — **Boveri** (1902): Über mehrpolige Mitosen als Mittel zur Analyse des Zellkerns. Verhandl. d. med.-physik. Ges. Würzburg, N. F. 35. — **Frank, G. M.** (1925): Über Gesetzmäßigkeiten in der Mitosenverteilung in den Gehirnblasen im Zusammenhang mit Formbildungsprozessen. Arch. f. mikroskop. Anat. u. Entwicklungsmech. 104, H. 1/2. — Ders. und **Gurwitsch, A.** (1927): Zur Frage der Identität mitogenetischer und ultravioletter Strahlen. W. Roux' Arch. f. Entwicklungsmech. d. Organismen 109, H. 3. — Ders. und **Salkind, S.** (1926): Die Quellen der mitogenetischen Strahlung im Pflanzenkeimling. 14. Mitt. üb. mitog. Strahlg. Ebenda 108, H. 4. — **Gerasimoff, J.** (1901): Über den Einfluß des Kerns auf das Wachstum der Zelle. Bull. de la soc. imp. d. Nat. de Moscou. — Ders. (1902): Die Abhängigkeit der Größe der Zelle von der Menge ihrer Kernmasse. Zeitschr. f. allg. Physiol. 1. — **Gurwitsch, A.** (1910): Über Determination, Normierung und Zufall in der Ontogenese. Arch. f. Entwicklungsmech. d. Organismen 30, H. 1. — Ders. (1911): Untersuchungen über den zeitlichen Faktor der Zellteilung. 2. Mitt. Über das Wesen und Vorkommen der Determination der Zellteilung. Ebenda 32, H. 3. — Ders. (1912): Die Vererbung als Verwirklichungsvorgang. Biol. Zentralbl. 32, Nr. 8. — Ders. (1914): Der Vererbungsmechanismus der Form. Arch. f. Entwicklungsmech. d. Organismen 39, H. 4. — Ders. (1920): Les mitoses de croissance exigent-elles une stimulation extracellulaire? Cpt. rend. des séances de la soc. de biol. 83. — Ders. (1922): Über den Begriff des embryonalen Feldes. Arch. f. Entwicklungsmech. d. Organismen 51, H. 3/4. — Ders. (1922): Über Ursachen der Zellteilung. Zusammenfassende Darstellung älterer und neuerer Ergebnisse. Arch. f. Entwicklungsmech. d. Organ. 52, H. 1/2. — Ders. (1923): Die Natur des spezifischen Erregers der Zellteilung. Arch. f. mikroskop. Anat. u. Entwicklungsmech. 100, H. 1/2. — Ders. (1924): Vorbemerkungen zur Arbeit Dr. W. Rawins. Ebenda 101, H. 1/3. — Ders. (1924): Physikalisches über mitogenetische Strahlen. 5. Mitt. aus d. histolog. Inst. d. Univ. Simferopol. Ebenda 103, H. 3/4. — Ders. (1924): Sur le rayonnement mitogénétique des tissus animaux. Cpt. rend. des séances de la soc. de biol. 91, Nr. 21. — Ders. (1926): Das Problem der Zellteilung physiologisch betrachtet. Bd. 11 der Monographien aus dem Gesamtgebiete der Physiologie der Pflanzen und Tiere. Berlin: Julius Springer. — Gurwitsch, A. und L. (1925): Weitere Untersuchungen über mitogenetische Strahlungen. 7. Mitt. aus d. histol. Inst. in Simferopol. Arch. f. mikroskop. Anat. u. Entwicklungsmech. 104. H. 1/2. — Dies. (1925): Über den Ursprung der mitogenetischen Strahlen. 10. Mit teilg. W. Roux' Arch. f. Entwicklungsmech. d. Organismen 105, H. 2. — Dies. (1925): Über die präsumierte Wellenlänge mitogenetischer Strahlen. 11. Mitteilg. Ebenda 105, H. 2. — Dies. (1926): Die Produktion mitogener Stoffe im erwachsenen Organismus. 13. Mitteilg. üb. mitog. Strahlg. u. Indukt. Ebenda 107, H. 4. — Gurwitsch, A. und N. (1924): Fortgesetzte Untersuchungen über mitogenetische Strahlen und Induktion. Arch. f. mikroskop. Anat. u. Entwicklungsmech. 103, H. 1/2. — Gurwitsch, L. F. (1924): Die Verwertung des Feldbegriffes zur Analyse embryonaler Differenzierungsvorgänge. Ebenda 101, H. 1/3. — Dies. (1924): Untersuchungen über mitogenetische Strahlen. 4. Mitteilg. aus d. histol. Inst. d. Univ. Simferopol. Ebenda 103, H. 3/4. — Haberlandt, G. (1913): Zur Physiologie der Zellteilung. Sitzungsber. d. preuß. Akad. d. Wiss. Berlin 16. — Ders. (1914): Zur Physiologie der Zellteilung. 2. Mitt. Ebenda 46. — Ders. (1919): Zur Physiologie der Zellteilung. 3. Mitt. Über Zellteilungen nach Plasmolyse. Ebenda 20. — Ders. (1919): Zur Physiologie der Zellteilung. 4. Mitt. Über Zellteilungen in *Elodea*-Blättern nach Plasmolyse. Ebenda 39. — Ders. (1920): Zur Physiologie der Zellteilung. 5. Mitt. Über das Wesen des plasmolytischen Reizes bei Zellteilungen nach Plasmolyse. Ebenda 11. — Ders. (1921): Zur Physiologie der Zellteilung. 6. Mitt. Über Auslösung von Zellteilungen durch Wundhormone. Ebenda 8. — Ders. (1921): Über experimentelle Erzeugung von Aventivembryonen bei *Oenothera Lamarckiana*. Ebenda. — Ders. (1921): Die Entwicklungserregung der Eizellen einiger parthenogenetischer Kompositen. Ebenda. — Ders. (1921): Wundhormone als Erreger von Zellteilungen. Beitr. z. allg. Botanik 2, H. 1. Berlin. — Ders. (1922): Über Zellteilungshormone und ihre Beziehungen zur Wundheilung, Befruchtung, Parthenogenesis und Adventivembryonie. Biol. Zentralbl. 42. — Ders. (1924): Physiologische Pflanzenanatomie. 6. Aufl. Leipzig: W. Engelmann. — Hertwig, R. (1903): Über Korrelation der Zell- und Kerngröße und ihre Bedeutung für die geschlechtliche Differenzierung und die Teilung der Zelle. Biol. Zentralbl. 23. — Ders. (1908): Neue Probleme der Zellenlehre. Arch. f. Zellforsch. 1. — Karsten, G. (1915): Über embryonales Wachstum und seine Tagesperiode. Zeitschr. f. Botanik 7. Jg., H. 1. — Ders. (1918): Über die Tagesperiode der Kern- und Zellteilungen. Ebenda 10. Jg., H. 1. — Kellicott, W. E. (1904): The daily periodicity of celldivision and of elongation in the root of *Allium*. Bull. Torrey. Bot. Club 31. — Kisliak-Statkewitsch, M. (1927): Das mitogenetische Strahlungsvermögen des Kartoffelleptoms. 18. Mitteilg. üb. mitog. Strahlg. W. Roux' Arch. f. Entwicklungsmech. d. Organismen 109, H. 2. — Kotte, W. (1923): Kulturversuche mit isolierten Wurzelspitzen. Beitr. z. allg. Botanik 2. Berlin. — Popoff, M. (1908): Experimentelle Zellstudien. Arch. f. Zellforsch. 1. — Rawin,

W. (1924): Weitere Beiträge zur Kenntnis der mitotischen Ausstrahlung und Induktion. 3. Mitteilg. aus d. histol. Inst. d. Univ. Simferopol. Arch. f. mikroskop. Anat. u. Entwicklungsmech. **101,** H. 1/3. — **Rusinoff, P. G.** (1925): Weitere Untersuchungen über mitogenetische Strahlen und Induktion. 9. Mitteilg. aus d. histol. Inst. d. Univ. Simferopol. Ebenda **104,** H. 1/2. — **Salkind, S. I.** (1925): Weitere Untersuchungen über mitogenetische Strahlung und Induktion. 8. Mitteilg. a. d. histol. Inst. d. Univ. Simferopol. Ebenda **104,** H. 1/2. — **Schukowsky, D. E.** (1924): Die Beschaffenheit der Zelloberfläche als bestimmender Faktor des Zustandekommens der Zellteilung. 6. Mitteilg. aus d. histol. Inst. d. Univ. Simferopol. Ebenda **103,** H. 1/4. — **Sorin, A. N.** (1926): Zur Analyse der mitogenetischen Induktion des Blutes. 17. Mitteilg. üb. mitog. Strahlg. u. Indukt. W. Roux' Arch. f. Entwicklungsmech. d. Organismen **108,** H. 4. — **Spek, E.** (1918): Oberflächenspannungsdifferenzen als eine Ursache d. Zellteilg. Roux' Arch. f. Entwicklungsmech. d. Organismen **44,** H. 1. — **Stålfelt, M. G.** (1921): Studien über die Periodizität der Zellteilung und sich daran anschließende Erscheinungen. Kungl. Svenska Vetensk. Akad. Handling. **62,** Nr. 1. Stockholm. — **Tischler, G.** (1922): Allgemeine Pflanzenkaryologie. Handb. d. Pflanzenanat. II. Berlin. — Ders. (1925): Studien über die Kernplasmarelation an Pollenkörnern. Jahrb. f. wiss. Botanik **64,** H. 1. 1924. — **v. Wettstein, F.** (1924): Morphologie u. Physiologie des Formwechsels der Moose auf genetischer Grundlage I. Zeitschr. f. indukt. Abstammungs- u. Vererbungslehre **33.**

Erläuterungen zu den Tabellen.

Es bedeuten: Z = zugewandte Seite,

A = abgewandte Seite,

D_{Sp} = Differenz der Spireme,

D_M = „ „ Metaphasen,

D_A = „ „ Anaphasen,

D_T = „ „ Telophasen,

D_S = „ „ Summe.

Bei den Versuchen, die im Hellen unternommen wurden, ist dies nicht besonders vermerkt. Der Medianschnitt trägt den Vermerk M.

Tabelle I. Homoinduktion von *Allium*-Wurzeln. 26. VI. 1925, $2^{1}/_{2}$ h.
Fixiert nach GILSON. 2,5 mm. Gefärbt mit Eisenhämatoxylin.

Schnitt Nr.	Spirem A	Spirem Z	D_{Sp}	Metaphase A	Metaphase Z	D_M	Anaphase A	Anaphase Z	D_A	Telophase A	Telophase Z	D_T	Summe A	Summe Z	D_S
1—10	0	0	0	0	0	0	0	0	0	0	0	0	0	0	0
11—25	35	33	− 2	11	14	+3	8	5	−3	11	9	− 2	65	61	−4
26	8	7	− 1	1	2	+1	1	1	0	3	1	− 2	13	11	−2
27	7	5	− 2	3	3	0	1	0	−1	2	3	+ 1	13	11	−2
28	10	9	− 1	4	1	−3	0	1	+1	1	0	− 1	15	11	−4
29	4	5	+ 1	2	1	−1	1	0	−1	0	0	0	7	6	−1
30	10	8	− 2	4	6	+2	1	2	+1	1	0	− 1	16	16	0
31	11	10	− 1	1	10	+9	0	0	0	1	1	0	13	21	+8
32	10	7	− 3	5	3	−2	1	1	0	0	1	+ 1	16	12	−4
33	9	9	0	8	5	−3	0	0	0	1	1	0	18	15	−3
34	9	12	+ 3	3	5	+2	0	1	+1	0	0	0	12	18	+6
35	9	12	+ 3	2	4	+2	2	0	−2	1	0	− 1	14	16	+2
36	8	12	+ 4	2	3	+1	0	2	+2	0	1	+ 1	10	18	+8
37	5	9	+ 4	3	2	−1	2	0	−2	3	0	− 3	13	11	−2
38	—	—	—	—	—	—	—	—	—	—	—	—	—	—	—
39	16	15	− 1	6	3	−3	0	1	+1	2	4	+ 2	26	23	−1
40	19	25	+ 6	3	4	+1	1	1	0	3	0	− 3	26	30	+4
41	17	24	+ 7	3	2	−1	1	2	+1	0	2	+ 2	21	30	+9
42	20	22	+ 2	6	6	0	1	2	+1	4	2	− 2	31	32	+1
43	20	19	− 1	4	4	0	0	1	+1	4	1	− 3	28	25	−3
44	19	16	− 3	3	4	+1	3	3	0	4	1	− 3	29	24	−5
45	15	20	+ 5	1	4	+3	2	1	−1	2	4	+ 2	20	29	+9
46	20	19	− 1	1	7	+6	1	3	+2	2	1	− 1	24	30	+6
47	13	11	− 2	5	3	−2	0	0	0	5	3	− 2	23	17	−6
48	12	14	+ 2	3	11	+8	2	1	−1	3	1	− 2	20	27	+7
49	14	15	+ 1	8	12	+4	0	1	+1	5	3	− 2	27	31	+4
50	8	10	+ 2	5	8	+3	2	0	−2	11	0	− 11	26	18	−8
51	11	12	+ 1	8	9	+1	2	2	0	2	4	+ 2	23	27	+4
52	13	15	+ 2	7	8	+1	2	3	+1	6	7	+ 1	28	33	+5
53	7	5	− 2	8	8	0	3	2	−1	9	4	− 5	27	19	−8
54	7	7	0	5	4	−1	2	4	+2	3	4	+ 1	17	19	+2
55	18	17	− 1	12	9	−3	2.	9	+7	6	6	0	38	41	+3
56	5	14	+ 9	1	3	+2	3	0	−3	3	0	− 3	12	17	+5
57	12	12	0	6	8	+2	4	1	−3	4	1	− 3	26	22	−4
58	15	13	− 2	7	1	−6	1	0	−1	2	5	+ 3	25	19	−6
59	10	13	+ 3	4	5	+1	0	1	+1	7	2	− 5	21	21	0
M 60	12	9	− 3	2	4	+2	1	1	0	5	2	− 3	20	16	−4
61	15	9	− 6	0	2	+2	2	3	+1	1	0	− 1	18	14	−4
62	13	12	− 1	3	7	+4	4	2	−2	4	1	− 3	24	22	−2
63	8	10	+ 2	4	8	+4	4	1	−3	1	5	+ 4	17	24	+7
Seitenbetrag:	474	496	+22	164	203	+39	60	58	−2	122	80	−42	820	837	+17

Tabelle I (Fortsetzung).

Schnitt Nr.	Spirem A	Z	D_{Sp}	Metaphase A	Z	D_M	Anaphase A	Z	D_A	Telophase A	Z	D_T	Summe A	Z	D_S
Übertrag:	474	496	+22	164	203	+39	60	58	−2	122	80	− 42	820	837	+17
64	11	13	+ 2	2	1	−1	0	0	0	1	0	− 1	14	14	0
65	21	25	+ 4	9	9	0	1	0	−1	2	3	+ 1	33	37	+ 4
66	26	23	− 3	5	7	+2	2	1	−1	4	1	− 3	37	32	− 5
67	26	23	− 3	2	4	+2	5	2	−3	10	3	− 7	43	32	−11
68	18	27	+ 9	7	2	−5	3	0	−3	8	2	− 6	36	31	− 5
69	20	17	− 3	10	4	−6	4	3	−1	6	3	− 3	40	27	−13
70	10	20	+10	7	2	−5	4	2	−2	4	2	− 2	25	26	+ 1
71	13	13	0	0	1	+1	1	2	+1	2	0	− 2	16	16	0
72	16	14	− 2	4	2	−2	4	0	−4	6	2	− 4	30	18	−12
73	22	24	+ 2	8	0	−8	1	1	0	9	0	− 9	40	25	−15
74	12	11	− 1	6	1	−5	2	2	0	1	0	− 1	21	14	− 7
75	10	9	− 1	6	3	−3	1	0	−1	2	2	0	19	14	− 5
76	9	4	− 5	3	0	−3	0	1	+1	1	2	+ 1	13	7	− 6
77	7	8	+ 1	3	2	−1	1	0	−1	4	1	− 3	15	11	− 4
78	12	4	− 8	3	1	−2	6	0	−6	8	0	− 8	29	5	−24
79	17	15	− 2	2	0	−2	0	1	+1	3	2	− 1	22	18	− 4
80−89	208	203	− 5	43	42	−1	20	11	−9	37	24	− 13	308	280	−28
90	0	0	0	0	0	0	0	0	0	0	0	0	0	0	0
Summe:	932	949	+17	284	284	0	115	84	−31	230	127	−103	1561	1444	−117

Prozentzunahme der zugewandten Seite: − 8,10
„   „ medianen Zone: −0,40
Absolute Zahlen: Zugewandte Seite: 1444
Abgewandte   „   1561
Summendifferenz: − 117.

Tabelle II. Homoinduktion von *Allium*-Wurzeln. 16. XI. 1925. $2^1/_2{}^h$. Fixiert nach GILSON. 3 mm. Dunkel. Gefärbt mit Eisenhämatoxylin.

Schnitt Nr.	Spirem A	Z	D_{Sp}	Metaphase A	Z	D_M	Anaphase A	Z	D_A	Telophase A	Z	D_T	Summe A	Z	D_S
1—10	76	61	−15	16	7	− 9	10	5	− 5	10	26	+ 16	112	99	− 13
11	12	7	− 5	4	4	0	3	3	0	6	15	+ 9	25	29	+ 4
12	10	17	+ 7	5	2	− 3	0	2	+ 2	8	11	+ 3	23	32	+ 9
13	13	17	+ 4	5	3	− 2	0	2	+ 2	5	4	− 1	23	26	+ 3
14	13	21	+ 8	8	1	− 7	3	2	− 1	11	2	− 9	35	26	− 9
15	14	12	− 2	8	2	− 6	1	6	+ 5	8	10	+ 2	31	30	− 1
16	18	16	− 2	4	5	+ 1	0	7	+ 7	7	10	+ 3	29	38	+ 9
17	16	21	+ 5	2	7	+ 5	0	1	+ 1	14	8	− 6	32	37	+ 5
18	22	20	− 2	7	6	− 1	7	2	− 5	9	3	− 6	45	31	− 14
Seitenbetrag:	194	192	− 2	59	37	−22	24	30	+ 6	78	89	+ 11	355	348	− 7

Tabelle II (Fortsetzung).

Schnitt Nr.	Spirem A	Spirem Z	D_{Sp}	Metaphase A	Metaphase Z	D_M	Anaphase A	Anaphase Z	D_A	Telophase A	Telophase Z	D_T	Summe A	Summe Z	D_S
Übertrag:	194	192	− 2	59	37	−22	24	30	+ 6	78	89	+ 11	355	348	− 7
19	32	26	− 6	8	2	− 6	4	7	+ 3	9	8	− 1	53	43	− 10
20	30	33	+ 3	5	9	+ 4	5	6	+ 1	5	6	+ 1	45	54	+ 9
21	−	−	−	−	−	−	−	−	−	−	−	−	−	−	−
22	24	23	− 1	6	6	0	2	1	− 1	6	9	+ 3	38	39	+ 1
23	14	26	+12	6	3	− 3	2	4	+ 2	6	14	+ 8	28	47	+ 19
24	24	28	+ 4	6	3	− 3	4	1	− 3	11	9	− 2	45	41	− 4
25	33	20	−13	9	1	− 8	0	0	0	8	8	0	50	29	− 21
26	18	20	+ 2	13	5	− 8	3	4	+ 1	8	13	+ 5	42	42	0
27	15	19	+ 4	6	6	0	0	2	+ 2	9	14	+ 5	30	41	+ 11
28	17	24	+ 7	9	8	− 1	1	5	+ 4	8	14	+ 6	35	51	+ 16
29	23	23	0	6	8	+ 2	7	3	− 4	12	12	0	48	46	− 2
30	18	22	+ 4	3	6	+ 3	1	1	0	11	6	− 5	3	35	+ 2
31	15	22	+ 7	4	8	+ 4	3	1	− 2	5	16	+ 11	27	47	+ 20
32	37	17	−20	2	3	+ 1	3	2	− 1	12	15	+ 3	54	37	− 17
33	23	19	− 4	5	6	+ 1	3	1	− 2	4	3	− 1	35	29	− 6
34	−	−	−	−	−	−	−	−	−	−	−	−	−	−	−
35	21	17	− 4	2	13	+11	4	2	− 2	5	9	+ 4	32	41	+ 9
36	19	14	− 5	5	4	− 1	3	2	− 1	5	5	0	32	25	− 7
37	16	20	+ 4	7	2	− 5	4	2	− 2	3	3	0	30	27	− 3
38	23	18	− 5	3	4	+ 1	3	2	− 1	6	6	0	35	30	− 5
39	22	18	− 4	6	4	− 2	2	3	+ 1	9	5	− 4	39	30	− 9
40	21	23	+ 2	5	8	+ 3	4	2	− 2	7	8	+ 1	37	41	+ 4
41	17	20	+ 3	1	4	+ 3	8	3	− 5	2	10	+ 8	28	37	+ 9
42	17	23	+ 6	5	3	− 2	4	2	− 2	6	6	0	32	34	+ 2
43	17	17	0	4	7	+ 3	2	3	+ 1	5	3	− 2	28	30	+ 2
44	20	21	+ 1	3	11	+ 8	2	4	+ 2	10	8	− 2	35	44	+ 9
M 45	23	28	+ 5	9	8	− 1	2	4	+ 2	7	16	+ 9	41	56	+ 15
46	30	26	− 4	14	8	− 6	4	4	0	9	13	+ 4	57	51	− 6
47	23	27	+ 4	3	9	+ 6	5	7	+ 2	13	11	− 2	44	54	+ 10
48	23	19	− 4	4	10	+ 6	6	6	0	2	7	+ 5	35	42	+ 7
49	37	39	+ 2	7	4	− 3	3	1	− 2	6	13	+ 7	53	57	+ 4
50	29	37	+ 8	15	4	−11	5	1	− 4	13	17	+ 4	62	59	− 3
51	34	41	+ 7	6	8	+ 2	2	2	0	14	12	− 2	56	63	+ 7
52	29	36	+ 7	4	8	+ 4	3	3	0	5	11	+ 6	41	58	+ 17
53	30	35	+ 5	10	13	+ 3	1	3	+ 2	5	6	+ 1	46	57	+ 11
54	36	36	0	8	10	+ 2	2	4	+ 2	14	12	− 2	60	62	+ 2
55	32	37	+ 5	7	4	− 3	2	3	+ 1	11	11	0	52	55	+ 3
56	33	25	− 8	2	6	+ 4	4	3	− 1	8	5	− 3	47	39	− 8
57	27	26	− 1	12	10	− 2	4	2	− 2	15	12	− 3	58	50	− 8
58	38	28	−10	12	11	− 1	3	3	0	8	10	+ 2	61	52	− 9
Seitenbetrag:	1134	1145	+11	301	284	−17	144	139	− 5	380	455	+ 75	1959	2023	+ 64

Tabelle II (Fortsetzung).

Schnitt Nr.	Spirem A	Spirem Z	D_{Sp}	Metaphase A	Metaphase Z	D_M	Anaphase A	Anaphase Z	D_A	Telophase A	Telophase Z	D_T	Summe A	Summe Z	D_S
Übertrag:	1134	1145	+ 11	301	284	− 17	144	139	− 5	380	455	+ 75	1959	2023	+ 64
59	22	30	+ 8	13	7	− 6	4	2	− 2	11	14	+ 3	50	53	+ 3
60	25	28	+ 3	12	4	− 8	4	3	− 1	6	18	+ 12	47	53	+ 6
61	−	−	−	−	−	−	−	−	−	−	−	−	−	−	−
62	28	24	− 4	5	10	+ 5	5	6	+ 1	5	7	+ 2	43	47	+ 4
63	27	26	− 1	10	8	− 2	8	12	+ 4	9	21	+ 12	54	67	+ 13
64	30	28	− 2	10	8	− 2	5	8	+ 3	16	19	+ 3	61	63	+ 2
65	35	35	0	4	8	+ 4	4	5	+ 1	10	9	− 1	53	57	+ 4
66	31	36	+ 5	10	7	− 3	2	8	+ 6	6	15	+ 9	49	66	+ 17
67	21	27	+ 6	9	7	− 2	4	6	+ 2	13	9	− 4	47	49	+ 2
68—75	111	92	− 19	42	35	− 7	16	24	+ 8	26	48	+ 22	195	199	+ 4
76—80	0	0	0	0	0	0	0	0	0	0	0	0	0	0	0
Summe:	1464	1471	+ 7	416	378	− 38	196	213	+ 17	482	615	+ 133	2558	2677	+ 119

Prozentzunahme der zugewandten Seite: + 4,66
„   „   medianen Zone: +11,72
Absolute Zahlen: Zugewandte Seite: 2677
Abgewande   „   2558
Summendifferenz: +119.

Tabelle III. Homoinduktion von *Allium*-Wurzel. 25. VI. 1925. 3ʰ. Fixiert nach Gilson. 3 mm. Dunkel. Gefärbt mit Eisenhämatoxylin.

Schnitt Nr.	Spirem A	Spirem Z	D_{Sp}	Metaphase A	Metaphase Z	D_M	Anaphase A	Anaphase Z	D_A	Telophase A	Telophase Z	D_T	Summe A	Summe Z	D_S
1	0	0	0	0	0	0	0	0	0	0	0	0	0	0	0
2—9	80	77	− 3	16	21	+ 5	23	24	+ 1	22	26	+ 4	141	148	+ 7
10	17	18	+ 1	0	4	+ 4	4	7	+ 3	5	11	+ 6	26	40	+14
11	12	7	− 5	6	6	0	2	9	+ 7	11	5	− 6	31	27	− 4
12	11	11	0	7	10	+ 3	2	5	+ 3	6	3	− 3	26	29	+ 3
13	9	12	+ 3	5	10	+ 5	2	5	+ 3	4	5	+ 1	20	32	+12
14	10	15	+ 5	5	5	0	5	3	− 2	1	7	+ 6	21	30	+ 9
15	8	12	+ 4	3	8	+ 5	7	8	+ 1	6	4	− 2	24	32	+ 8
16	11	12	+ 1	3	10	+ 7	7	4	− 3	8	6	− 2	29	32	+ 3
17	19	13	− 6	10	10	0	5	1	− 4	10	9	− 1	44	33	−11
18	8	5	− 3	5	5	0	1	3	+ 2	4	1	− 3	18	14	− 4
19	6	5	− 1	4	4	0	2	4	+ 2	9	2	− 7	21	15	− 6
20	3	7	+ 4	7	6	− 1	3	1	− 2	6	4	− 2	19	18	− 1
21—27	−	−	−	−	−	−	−	−	−	−	−	−	−	−	−
28	10	7	− 3	1	3	+ 2	2	1	− 1	4	2	− 2	17	13	− 4
29	11	6	− 5	6	3	− 3	4	5	+ 1	5	7	+ 2	26	21	− 5
Seitenbetrag:	215	207	− 8	78	105	+27	69	80	+11	101	92	− 9	463	484	+21

Tabelle III (Fortsetzung).

Schnitt Nr.	Spirem A	Z	D_{Sp}	Metaphase A	Z	D_M	Anaphase A	Z	D_A	Telophase A	Z	D_T	Summe A	Z	D_S
Übertrag:	215	207	− 8	78	105	+27	69	80	+11	101	92	− 9	463	484	+ 21
30	9	11	+ 2	4	14	+10	4	7	+ 3	5	5	0	22	37	+ 15
31	7	9	+ 2	4	4	0	4	3	− 1	3	7	+ 4	18	23	+ 5
32	9	16	+ 7	7	5	− 2	5	4	− 1	7	5	− 2	28	30	+ 2
33	6	10	+ 4	6	4	− 2	4	4	0	7	7	0	23	25	+ 2
34	8	11	+ 3	4	13	+ 9	1	3	+ 2	2	4	+ 2	15	31	+ 16
35	6	8	+ 2	6	16	+10	3	6	+ 3	6	9	+ 3	21	39	+ 18
36	5	2	− 3	3	7	+ 4	1	2	+ 1	9	8	− 1	18	19	+ 1
M 37	3	7	+ 4	4	13	+ 9	1	1	0	10	8	− 2	18	29	+ 11
38	8	18	+10	8	10	+ 2	2	2	0	3	6	+ 3	21	36	+ 15
39	7	16	+ 9	3	7	+ 4	3	3	0	4	8	+ 4	17	34	+ 17
40	5	7	+ 2	5	8	+ 3	1	5	+ 4	6	6	0	17	26	+ 9
41	1	3	+ 2	5	6	+ 1	3	4	+ 1	4	8	+ 4	13	21	+ 8
42	4	4	0	7	14	+ 7	4	0	− 4	9	7	− 2	24	25	+ 1
43	13	7	− 6	3	10	+ 7	7	4	− 3	9	7	− 2	32	28	− 4
44	9	10	+ 1	8	4	− 4	4	2	− 2	5	9	+ 4	26	25	− 1
45	8	9	+ 1	1	8	+ 7	2	3	+ 1	8	12	+ 4	19	32	+ 13
46	9	21	+12	8	9	+ 1	2	2	0	8	10	+ 2	27	42	+ 15
47	14	12	− 2	13	5	− 8	6	4	− 2	7	12	+ 5	40	33	− 7
48	6	11	+ 5	4	7	+ 3	4	7	+ 3	2	11	+ 9	16	36	+ 20
49	18	16	− 2	9	4	− 5	1	5	+ 4	1	7	+ 6	29	32	+ 3
50	10	10	0	3	3	0	2	6	+ 4	1	4	+ 3	16	23	+ 7
51	12	11	− 1	5	5	0	2	12	+10	3	4	+ 1	22	32	+ 10
52	23	17	− 6	9	9	0	4	8	+ 4	10	7	− 3	46	41	− 5
53	26	24	− 2	9	14	+ 5	2	3	+ 1	8	10	+ 2	45	51	+ 6
54	18	21	+ 3	5	13	+ 8	3	3	0	10	1	− 9	36	38	+ 2
55	10	9	− 1	6	14	+ 8	2	3	+ 1	9	9	0	27	35	+ 8
56	18	29	+11	6	4	− 2	4	0	− 4	7	8	+ 1	35	41	+ 6
57	21	16	− 5	7	13	+ 6	2	2	0	16	11	− 5	46	42	− 4
58	14	14	0	11	13	+ 2	3	4	+ 1	15	16	+ 1	43	47	+ 4
59—69	63	74	+11	58	47	−11	23	10	−13	51	44	− 7	195	175	− 20
70—77	0	0	0	0	0	0	0	0	0	0	0	0	0	0	0
Summe:	585	640	+55	309	408	+99	178	202	+24	346	362	+16	1418	1612	+194

Prozentzunahme der zugewandten Seite: +13,68
   ,,   ,, medianen Zone: +46,04
Absolute Zahlen: Zugewandte Seite: 1612
         Abgewandte   ,,   1418
         Summendifferenz: +194.

Tabelle IV. Homoinduktion von *Allium*-Wurzeln. 8. XII. 1925. 4^h. Fixiert nach GILSON. 3 mm. Dunkel. Gefärbt mit Eisenhämatoxylin.

Schnitt Nr.	Spirem A	Spirem Z	D_{Sp}	Metaphase A	Metaphase Z	D_M	Anaphase A	Anaphase Z	D_A	Telophase A	Telophase Z	D_T	Summe A	Summe Z	D_S
1—2	0	0	0	0	0	0	0	0	0	0	0	0	0	0	0
3—17	102	71	− 31	19	18	− 1	11	7	− 4	31	30	− 1	163	126	− 37
18	12	8	− 4	3	3	0	1	1	0	6	3	− 3	22	15	− 7
19	15	12	− 3	3	4	+ 1	0	0	0	5	2	− 3	23	18	− 5
20	12	19	+ 7	3	6	+ 3	3	2	− 1	7	7	0	25	34	+ 9
21	15	14	− 1	4	6	+ 2	10	1	− 9	6	5	− 1	35	26	− 9
22	24	27	+ 3	3	5	+ 2	1	2	+ 1	8	5	− 3	36	39	+ 3
23	12	17	+ 5	8	5	− 3	2	2	0	4	2	− 2	26	26	0
24	24	21	− 3	8	6	− 2	4	4	0	10	7	− 3	46	38	− 8
25	24	21	− 3	3	1	− 2	0	1	+ 1	4	8	+ 4	31	31	0
26	34	29	− 5	4	10	+ 6	2	2	0	10	1	− 9	50	42	− 8
27	6	8	+ 2	1	1	0	0	0	0	2	2	0	9	11	+ 2
28	−	−	−	−	−	−	−	−	−	−	−	−	−	−	−
29	18	24	+ 6	4	3	− 1	4	2	− 2	2	7	+ 5	28	36	+ 8
30	19	13	− 6	3	4	+ 1	3	0	− 3	4	3	− 1	29	20	− 9
31	14	13	− 1	3	3	0	4	1	− 3	7	4	− 3	28	21	− 7
32	17	12	− 5	0	3	+ 3	2	1	− 1	12	3	− 9	31	19	− 12
33	25	10	− 15	5	2	− 3	3	4	+ 1	3	4	+ 1	36	20	− 16
34	−	−	−	−	−	−	−	−	−	−	−	−	−	−	−
35	16	23	+ 7	3	4	+ 1	1	3	+ 2	6	3	− 3	26	33	+ 7
36	16	11	− 5	2	4	+ 2	3	1	− 2	6	3	− 3	27	19	− 8
37	7	6	− 1	3	3	0	2	1	− 1	2	3	+ 1	14	13	− 1
38	13	10	− 3	3	5	+ 2	2	1	− 1	6	0	− 6	24	16	− 8
39	17	9	− 8	5	2	− 3	1	1	0	5	3	− 2	28	15	− 13
40	13	9	− 4	3	8	+ 5	4	3	− 1	4	5	+ 1	24	25	+ 1
41	20	21	+ 1	5	3	− 2	2	0	− 2	3	6	+ 3	30	30	0
42	24	11	− 13	6	2	− 4	2	3	+ 1	3	4	+ 1	35	20	− 15
43	23	12	− 11	2	2	0	4	6	+ 2	2	5	+ 3	31	25	− 6
M 44	21	13	− 8	7	5	− 2	4	0	− 4	1	2	+ 1	33	20	− 13
45	−	−	−	−	−	−	−	−	−	−	−	−	−	−	−
46	13	14	+ 1	4	0	− 4	1	1	0	5	2	− 3	23	17	− 6
47	9	12	+ 3	4	1	− 3	2	1	− 1	2	1	− 1	17	15	− 2
48	12	9	− 3	3	2	− 1	2	2	0	2	1	− 1	19	14	− 5
49	24	24	0	7	3	− 4	1	3	+ 2	8	4	− 4	40	34	− 6
50	20	22	+ 2	9	4	− 5	2	1	− 1	3	2	− 1	34	29	− 5
51	20	25	+ 5	10	5	− 5	1	1	0	6	6	0	37	37	0
52	17	22	+ 5	3	1	− 2	1	1	0	3	5	+ 2	24	29	+ 5
53	26	19	− 7	5	6	+ 1	2	1	− 1	2	4	+ 2	35	30	− 5
54	33	12	− 21	6	4	− 2	1	4	+ 3	7	4	− 3	47	24	− 23
55	22	23	+ 1	3	5	+ 2	3	1	− 2	2	2	0	30	31	+ 1
Seitenbetrag:	739	626	− 113	167	149	− 18	91	65	− 26	199	158	− 41	1196	998	− 198

Tabelle IV (Fortsetzung).

Schnitt Nr.	Spirem		D_{Sp}	Metaphase		D_M	Anaphase		D_A	Telophase		D_T	Summe		D_S
	A	Z		A	Z		A	Z		A	Z		A	Z	
Über-trag:	739	626	− 113	167	149	− 18	91	65	− 26	199	158	− 41	1196	998	− 198
56	16	23	+ 7	2	3	+ 1	3	1	− 2	0	6	+ 6	21	33	+ 12
57	25	25	0	4	3	− 1	1	1	0	4	7	+ 3	34	36	+ 2
58	20	15	− 5	4	5	+ 1	4	1	− 3	3	4	+ 1	31	25	− 6
59—60	−	−	−	−	−	−	−	−	−	−	−	−	−	−	−
61	16	11	− 5	3	1	− 2	0	1	+ 1	7	4	− 3	26	17	− 9
62	14	13	− 1	4	1	− 3	0	2	+ 2	3	3	0	21	19	− 2
63	13	17	+ 4	5	2	− 3	0	0	0	2	1	− 1	20	20	0
64	11	18	+ 7	3	1	− 2	1	2	+ 1	6	3	− 3	21	24	+ 3
65	11	14	+ 3	1	1	0	0	2	+ 2	6	4	− 2	18	21	+ 3
66	14	17	+ 3	2	2	0	1	5	+ 4	2	0	− 2	19	24	+ 5
67	−	−	−	−	−	−	−	−	−	−	−	−	−	−	−
68	17	17	0	5	5	0	2	2	0	5	8	+ 3	29	32	+ 3
69	−	−	−	−	−	−	−	−	−	−	−	−	−	−	−
70	13	18	+ 5	8	3	− 5	1	0	− 1	3	5	+ 2	25	26	+ 1
71	−	−	−	−	−	−	−	−	−	−	−	−	−	−	−
72	15	12	− 3	3	4	+ 1	1	1	0	4	9	+ 5	23	26	+ 3
73	13	23	+ 10	3	3	0	3	2	− 1	4	9	+ 5	23	37	+ 14
74—75	−	−	−	−	−	−	−	−	−	−	−	−	−	−	−
76—97	118	140	+ 22	25	31	+ 6	12	14	+ 2	45	52	+ 7	200	237	+ 37
98—105	0	0	0	0	0	0	0	0	0	0	0	0	0	0	0
Summe:	1055	989	− 66	239	214	− 25	120	99	− 21	293	273	− 20	1707	1575	− 132

Prozentzunahme der zugewandten Seite: −8,38
      ,,   ,, medianen Zone: −30,23
Absolute Zahlen: Zugewandte Seite: 1575
         Abgewandte   ,,   1707
         Summendifferenz: −132.

Tabelle V. Homoinduktion von *Allium*-Wurzeln. 1. II. 1926. $5^1/_4{}^h$. Fixiert nach GILSON. 3,5 mm. Dunkel. Gefärbt mit Eisenhämatoxylin.

Schnitt Nr.	Spirem		D_{Sp}	Metaphase		D_M	Anaphase		D_A	Telophase		D_T	Summe		D_S
	A	Z		A	Z		A	Z		A	Z		A	Z	
1	0	0	0	0	0	0	0	0	0	0	0	0	0	0	0
2—5	30	30	0	11	4	− 7	1	2	+ 1	12	11	− 1	54	47	− 7
6	12	24	+12	5	5	0	1	3	+ 2	8	7	− 1	26	39	+13
7	22	24	+ 2	7	5	− 2	3	4	+ 1	10	10	0	42	43	+ 1
8	28	24	− 4	6	5	− 1	2	0	− 2	23	22	− 1	59	51	− 8
9	43	36	− 7	8	9	+ 1	0	5	+ 5	16	22	+ 6	67	72	+ 5
10	17	20	+ 3	7	8	+ 1	1	4	+ 3	7	12	+ 5	32	44	+12
Seiten-betrag:	152	158	+ 6	44	36	− 8	8	18	+10	76	84	+ 8	280	296	+16

Tabelle V (Fortsetzung).

Schnitt Nr.	Spirem A	Z	D_{Sp}	Metaphase A	Z	D_M	Anaphase A	Z	D_A	Telophase A	Z	D_T	Summe A	Z	D_S
Übertrag	152	158	+ 6	44	36	− 8	8	18	+10	76	84	+ 8	280	296	+16
11	17	19	+ 2	5	5	0	4	5	+ 1	15	16	+ 1	41	45	+ 4
12	22	19	− 3	6	2	− 4	0	4	+ 4	16	9	− 7	44	34	−10
13	13	22	+ 9	3	7	+ 4	2	2	0	11	12	+ 1	29	43	+14
14	18	17	− 1	7	6	− 1	5	4	− 1	8	16	+ 8	38	43	+ 5
15	19	10	+ 1	7	9	+ 2	2	4	+ 2	9	17	+ 8	37	50	+13
16	21	21	0	6	3	− 3	3	4	+ 1	17	13	− 4	47	41	− 6
17	18	25	+ 7	6	3	− 3	1	4	+ 3	20	16	− 4	45	48	+ 3
18	8	4	− 4	3	0	− 3	4	0	− 4	2	13	+11	17	17	0
19	17	23	+ 6	5	6	+ 1	2	1	− 1	9	8	− 1	33	38	+ 5
20	23	16	− 7	6	9	+ 3	3	2	− 1	18	11	− 7	50	38	−12
21	18	25	+ 7	3	7	+ 4	1	4	+ 3	14	5	− 9	36	41	+ 5
22	21	24	+ 3	6	3	− 3	3	4	+ 1	18	16	− 2	48	47	− 1
23	27	25	− 2	2	4	+ 2	1	6	+ 5	21	9	−12	51	44	− 7
24	26	26	0	4	3	− 1	0	4	+ 4	18	13	− 5	48	46	− 2
25	16	21	+ 5	4	2	− 2	7	2	− 5	10	11	+ 1	37	36	− 1
M 26	18	30	+12	1	4	+ 3	5	2	− 3	15	20	+ 5	39	56	+17
27	11	12	+ 1	0	1	+ 1	1	1	0	5	9	+ 4	17	23	+ 6
28	9	10	+ 1	6	2	− 4	6	5	− 1	10	7	− 3	31	24	− 7
29	21	22	+ 1	6	2	− 4	6	4	− 2	16	11	− 5	49	39	−10
30	30	28	− 2	1	2	+ 1	3	1	− 2	9	11	+ 2	43	42	− 1
31	31	20	−11	2	8	+ 6	1	3	+ 2	9	11	+ 2	43	42	− 1
32	26	29	+ 3	1	7	+ 6	3	1	− 2	10	19	+ 9	40	56	+16
33	27	20	− 7	6	6	0	2	2	0	12	8	− 4	47	36	−11
34	25	30	+ 5	7	4	− 3	1	1	0	12	15	+ 3	45	50	+ 5
35	25	23	− 2	3	2	− 1	3	3	0	14	8	− 6	45	36	− 9
36	17	19	+ 2	6	2	− 4	0	2	+ 2	10	14	+ 4	33	37	+ 4
37	8	5	− 3	4	0	− 4	0	2	+ 2	5	7	+ 2	17	14	− 3
38	3	1	− 2	2	1	− 1	1	2	+ 1	4	5	+ 1	10	9	− 1
39	5	1	− 4	1	0	− 1	4	1	− 3	9	3	− 6	19	5	−14
40	2	3	+ 1	2	1	− 1	2	0	− 2	4	11	+ 7	10	15	+ 5
41	4	5	+ 1	4	4	0	1	2	+ 1	7	8	+ 1	16	19	+ 3
42	11	16	+ 5	4	7	+ 3	3	3	0	12	11	− 1	30	37	+ 7
43	17	23	+ 6	13	7	− 6	3	6	+ 3	11	9	− 2	44	45	+ 1
44	18	15	− 3	5	4	− 1	2	3	+ 1	14	13	− 1	39	35	− 4
45	25	18	− 7	2	3	+ 1	1	1	0	5	6	+ 1	33	28	− 5
46	26	23	− 3	4	7	+ 3	1	1	0	8	5	− 3	39	36	− 3
47	22	23	+ 1	5	6	+ 1	0	3	+ 3	10	10	0	37	42	+ 5
48	21	27	+ 6	2	0	− 2	2	1	− 1	8	5	− 3	33	33	0
49	20	20	0	3	7	+ 4	1	2	+ 1	7	7	0	31	36	+ 5
50	18	17	− 1	2	3	+ 1	2	3	+ 1	12	9	− 3	34	32	− 2
Seitenbetrag:	876	905	+29	209	195	−14	100	123	+23	520	511	− 9	1705	1734	+29

Tabelle V (Fortsetzung)

Schnitt Nr.	Spirem A	Spirem Z	D_{Sp}	Metaphase A	Metaphase Z	D_M	Anaphase A	Anaphase Z	D_A	Telophase A	Telophase Z	D_T	Summe A	Summe Z	D_S
Übertrag:	876	905	+ 29	209	195	− 14	100	123	+ 23	520	511	− 9	1705	1734	+ 29
51	13	20	+ 7	5	3	− 2	0	3	+ 3	8	9	+ 1	26	35	+ 9
52	13	21	+ 8	3	4	+ 1	0	2	+ 2	2	10	+ 8	18	37	+ 19
53	11	15	+ 4	3	6	+ 3	1	1	0	12	11	− 1	27	33	+ 6
54	18	13	− 5	2	2	0	0	1	+ 1	4	7	+ 3	24	23	− 1
55	−	−	−	−	−	−	−	−	−	−	−	−	−	−	−
56	12	13	+ 1	4	0	− 4	2	2	0	9	5	− 4	27	20	− 7
57	15	11	− 4	3	3	0	3	0	− 3	4	4	0	25	18	− 7
58	17	9	− 8	3	0	− 3	5	2	− 3	9	6	− 3	34	17	− 17
59	10	8	− 2	2	0	− 2	3	2	− 1	8	4	− 4	23	14	− 9
60	−	−	−	−	−	−	−	−	−	−	−	−	−	−	−
61—68	38	29	− 9	7	7	0	6	6	0	25	28	+ 3	76	70	− 6
69	−	−	−	−	−	−	−	−	−	−	−	−	−	−	−
70	0	0	0	0	0	0	0	0	0	0	0	0	0	0	0
71	0	0	0	0	0	0	0	0	0	1	1	0	1	1	0
72—82	0	0	0	0	0	0	0	0	0	0	0	0	0	0	0
Summe:	1023	1044	+ 21	241	220	− 21	120	142	+ 22	602	596	− 6	1986	2002	+ 16

Prozentzunahme der zugewandten Seite: +0,805
„ „ medianen Zone: −0,45
Absolute Zahlen: Zugewandte Seite: 2002
Abgewandte „ 1986
Summendifferenz: +16

Tabelle VI. Homoinduktion von *Pisum*-Wurzeln. 2. II. 1926. 1^h 50m. Fixiert nach BOUIN-ALLAN. 1 mm. Gefärbt mit Eisenhämatoxylin.

Schnitt Nr.	Spirem A	Spirem Z	D_{Sp}	Metaphase A	Metaphase Z	D_M	Anaphase A	Anaphase Z	D_A	Telophase A	Telophase Z	D_T	Summe A	Summe Z	D_S
1—8	0	0	0	0	0	0	0	0	0	0	0	0	0	0	0
9—25	69	72	+ 3	6	8	+ 2	7	4	− 3	50	38	− 12	132	122	− 10
26	7	9	+ 2	0	0	0	1	0	− 1	4	5	+ 1	12	14	+ 2
27	5	8	+ 3	1	1	0	0	0	0	3	4	+ 1	9	13	+ 4
28	4	4	0	1	1	0	0	1	+ 1	4	2	− 2	9	8	− 1
29	5	6	+ 1	0	2	+ 2	1	0	− 1	3	2	− 1	9	10	+ 1
30	8	6	− 2	0	3	+ 3	0	0	0	3	2	− 1	11	11	0
31	4	3	− 1	0	1	+ 1	0	0	0	2	0	− 2	6	4	− 2
32	4	6	+ 2	3	4	+ 1	0	2	+ 2	3	2	− 1	10	14	+ 4
33	8	9	+ 1	1	3	+ 2	1	1	0	5	2	− 3	15	15	0
34	10	12	+ 2	0	1	+ 1	0	3	+ 3	3	4	+ 1	13	20	+ 7
35	9	9	0	0	4	+ 4	1	1	0	3	4	+ 1	13	18	+ 5
36	9	8	− 1	1	1	0	0	0	0	5	4	− 1	15	13	− 2
Seitenbetrag:	142	152	+ 10	13	29	+ 16	11	12	+ 1	88	69	− 19	254	262	+ 8

Tabelle VI (Fortsetzung).

Schnitt Nr.	Spirem		D_{Sp}	Metaphase		D_M	Anaphase		D_A	Telophase		D_T	Summe		D_S
	A	Z		A	Z		A	Z		A	Z		A	Z	
Über-trag:	142	152	+ 10	13	29	+ 16	11	12	+ 1	88	69	− 19	254	262	+ 8
37	6	10	+ 4	2	3	+ 1	1	0	− 1	5	5	0	14	18	+ 4
38	2	4	+ 2	2	0	− 2	0	1	+ 1	4	6	+ 2	8	11	+ 3
39	6	13	+ 7	2	1	− 1	0	2	+ 2	2	3	+ 1	10	19	+ 9
40	7	6	− 1	0	0	0	0	0	0	5	3	− 2	12	9	− 3
41	9	11	+ 2	0	2	+ 2	1	1	0	4	2	− 2	14	16	+ 2
42	15	13	− 2	1	2	+ 1	0	0	0	4	1	− 3	20	16	− 4
43	11	14	+ 3	1	0	− 1	0	1	+ 1	5	6	+ 1	17	21	+ 4
44	5	12	+ 7	2	2	0	0	1	+ 1	5	3	− 2	12	18	+ 6
45	6	8	+ 2	0	4	+ 4	1	1	0	6	8	+ 2	13	21	+ 8
46	4	11	+ 7	1	0	− 1	1	1	0	5	5	0	11	17	+ 6
47	2	7	+ 5	1	2	+ 1	0	2	+ 2	7	2	− 5	10	13	+ 3
48	2	4	+ 2	1	2	+ 1	1	4	+ 3	4	3	− 1	8	13	+ 5
49	5	4	− 1	1	3	+ 2	3	2	− 1	5	4	− 1	14	13	− 1
50	8	5	− 3	1	4	+ 3	1	2	+ 1	2	2	0	12	13	+ 1
51	2	4	+ 2	3	3	0	1	0	− 1	1	1	0	7	8	+ 1
52	4	9	+ 5	0	4	+ 4	0	0	0	0	3	+ 3	4	16	+ 12
53	2	6	+ 4	3	3	0	0	1	+ 1	1	2	+ 1	6	12	+ 6
54	2	4	+ 2	2	1	− 1	0	0	0	4	5	+ 1	8	10	+ 2
55	2	4	+ 2	3	4	+ 1	0	0	0	1	2	+ 1	6	10	+ 4
56	3	3	0	0	0	0	0	1	+ 1	2	4	+ 2	5	8	+ 3
57	4	4	0	0	0	0	0	0	0	2	3	+ 1	6	7	+ 1
58—64	8	7	− 1	3	2	− 1	0	0	0	0	2	+ 2	11	11	0
65—69	0	0	0	0	0	0	0	0	0	0	0	0	0	0	0
Summe:	257	315	+ 58	42	71	+ 29	21	32	+ 11	162	144	− 18	482	562	+ 80

Prozentzunahme der zugewandten Seite: +16,59
„   „ medianen Zone: +16,55
Absolute Zahlen: Zugewandte Seite: 562. Abgewandte Seite: 482
Summendifferenz: +80

Tabelle VII. Homoinduktion von *Pisum*-Wurzeln. (Rücken). 14. V. 1926. 2^h. 2 mm.
Fixiert nach BOUIN-ALLAN. Gefärbt mit Eisenhämatoxylin.

Schnitt Nr.	Spirem		D_{Sp}	Metaphase		D_M	Anaphase		D_A	Telophase		D_T	Summe		D_S
	A	Z		A	Z		A	Z		A	Z		A	Z	
1—7	0	0	0	0	0	0	0	0	0	0	0	0	0	0	0
8—68	15	17	+2	19	10	− 9	2	5	+3	8	8	0	44	40	− 4
69—84	0	0	0	0	0	0	0	0	0	0	0	0	0	0	0
Summe:	15	17	+2	19	10	− 9	2	5	+3	8	8	0	44	40	− 4

Prozentzunahme der zugewandten Seite: −10,0
„   „ medianen Zone   +29,41
Absolute Zahlen: Zugewandte Seite: 40. Abgewandte Seite: 44.
Summendifferenz: − 4

382   B. Roßmann:

Tabelle VIII. Homoinduktion von *Pisum*-Wurzeln. 28. I. 1926. $2^1/_4{}^h$. 1 mm.
Fixiert nach BOUIN-ALLAN. Gefärbt mit Eisenhämatoxylin.

Schnitt Nr.	Spirem A	Spirem Z	D_{Sp}	Metaphase A	Metaphase Z	D_M	Anaphase A	Anaphase Z	D_A	Telophase A	Telophase Z	D_T	Summe A	Summe Z	D_S
1—3	0	0	0	0	0	0	0	0	0	0	0	0	0	0	0
4	4	4	0	6	10	+ 4	0	0	0	3	3	0	13	17	+ 4
5	—	—	—	—	—	—	—	—	—	—	—	—	—	—	—
6	3	7	+ 4	7	6	− 1	0	1	+ 1	8	9	+ 1	18	23	+ 5
7	6	13	+ 7	14	16	+ 2	2	2	0	4	10	+ 6	26	41	+15
8	8	16	+ 8	21	13	− 8	1	1	0	2	8	+ 6	32	38	+ 6
9	13	15	+ 2	13	19	+ 6	2	1	− 1	13	12	− 1	41	47	+ 6
10	23	15	− 8	18	18	0	2	2	0	14	10	− 4	57	45	− 12
11	10	17	+ 7	18	15	− 3	2	1	− 1	6	6	0	36	39	+ 3
12	11	12	+ 1	9	14	+ 5	1	2	+ 1	7	9	+ 2	28	37	+ 9
13	15	14	− 1	9	12	+ 3	1	1	0	10	9	− 1	35	36	+ 1
14	14	14	0	8	13	+ 5	2	3	+ 1	10	7	− 3	34	37	+ 3
15	11	7	− 4	12	14	+ 2	1	1	0	6	8	+ 2	30	30	0
16	15	15	0	21	24	+ 3	2	3	+ 1	13	12	− 1	51	54	+ 3
17	6	6	0	14	14	0	2	0	− 2	8	7	− 1	30	27	− 3
18	9	10	+ 1	6	16	+10	5	2	− 3	3	11	+ 8	23	39	+16
19	14	12	− 2	10	15	+ 5	0	7	+ 7	4	14	+10	28	48	+20
20	5	9	+ 4	11	16	+ 5	2	0	− 2	10	7	− 3	28	32	+ 4
21	12	6	− 6	9	16	+ 7	1	3	+ 2	12	9	− 3	34	34	0
22—23	—	—	—	—	—	—	—	—	—	—	—	—	—	—	—
24	9	8	− 1	17	14	− 3	1	5	+ 4	11	10	− 1	38	37	− 1
25	14	7	− 7	13	13	0	4	2	− 2	11	5	− 6	42	27	−15
26	8	8	0	9	8	− 1	2	2	0	10	6	− 4	29	24	− 5
27	12	6	− 6	13	16	+ 3	3	3	0	15	11	− 4	43	36	− 7
28	10	12	+ 2	7	18	+11	2	1	− 1	15	21	+ 6	34	52	+18
29	14	8	− 6	14	10	− 4	2	8	+ 6	11	13	+ 2	41	39	− 2
30	6	9	+ 3	10	21	+11	1	2	+ 1	13	12	− 1	30	44	+14
31	10	12	+ 2	13	14	+ 1	3	1	− 2	12	12	0	38	39	+ 1
32	8	8	0	12	11	− 1	6	0	− 6	9	9	0	35	28	− 7
M 33	8	12	+ 4	13	12	− 1	1	0	− 1	19	9	−10	41	33	− 8
34—36	—	—	—	—	—	—	—	—	—	—	—	—	—	—	—
37	7	9	+ 2	9	10	+ 1	2	5	+ 3	13	8	− 5	31	32	+ 1
38	9	9	0	7	8	+ 1	1	0	− 1	18	10	− 8	35	27	− 8
39	6	10	+ 4	9	9	0	4	0	− 4	11	13	+ 2	30	32	+ 2
40	10	10	0	11	8	− 3	2	7	+ 5	14	11	− 3	37	36	− 1
41	4	4	0	12	7	− 5	9	1	− 8	16	9	− 7	41	21	−20
42	2	5	+ 3	4	5	+ 1	3	1	− 2	19	6	−13	28	17	−11
43	12	8	− 4	6	6	0	1	4	+ 3	9	8	− 1	28	26	− 2
44	8	11	+ 3	8	7	− 1	2	2	0	7	6	− 1	25	26	+ 1
45	4	3	− 1	12	11	− 1	1	0	− 1	23	9	−14	40	23	−17
Seitenbeitrag:	340	351	+11	405	459	+54	76	74	− 2	389	339	−50	1210	1223	+13

Tabelle VIII (Fortsetzung).

Schnitt Nr.	Spirem A	Z	D_{Sp}	Metaphase A	Z	D_M	Anaphase A	Z	D_A	Telophase A	Z	D_T	Summe A	Z	D_S
Über- trag:	340	351	+ 11	405	459	+ 54	76	74	− 2	389	339	− 50	1210	1223	+ 13
46	10	7	− 3	5	9	+ 4	1	0	− 1	11	7	− 4	27	23	− 4
47	10	9	− 1	7	6	− 1	1	1	0	8	5	− 3	26	21	− 5
48	13	11	− 2	1	3	+ 2	1	2	+ 1	11	12	+ 1	26	28	+ 2
49	11	15	+ 4	11	12	+ 1	2	3	+ 1	15	11	− 4	39	41	+ 2
50	10	7	− 3	9	6	− 3	0	1	+ 1	9	4	− 5	28	18	− 10
51	14	8	− 6	3	3	0	0	4	+ 4	4	8	+ 4	21	23	+ 2
52	17	12	− 5	6	2	− 4	0	2	+ 2	8	12	+ 4	31	28	− 3
53	11	12	+ 1	6	7	+ 1	3	1	− 2	10	13	+ 3	30	33	+ 3
54	10	10	0	4	8	+ 4	0	1	+ 1	8	3	− 5	22	22	0
55	5	9	+ 4	4	4	0	1	1	0	8	9	+ 1	18	23	+ 5
56	4	11	+ 7	2	4	+ 2	2	3	+ 1	8	14	+ 6	16	32	+ 16
57	4	7	+ 3	6	6	0	2	3	+ 1	6	6	0	18	22	+ 4
58	7	8	+ 1	2	6	+ 4	0	0	0	10	10	0	19	24	+ 5
59	5	9	+ 4	4	3	− 1	0	0	0	5	11	+ 6	14	23	+ 9
60	6	11	+ 5	4	1	− 3	0	1	+ 1	7	9	+ 2	17	22	+ 5
61	9	13	+ 4	3	5	+ 2	0	1	+ 1	8	8	0	20	27	+ 7
62	9	14	+ 5	4	2	− 2	1	0	− 1	7	11	+ 4	21	27	+ 6
63	9	8	− 1	2	2	0	0	2	+ 2	8	4	− 4	19	16	− 3
64	6	10	+ 4	3	3	0	0	1	+ 1	5	8	+ 3	14	22	+ 8
65	3	8	+ 5	1	3	+ 2	1	0	− 1	5	12	+ 7	10	23	+ 13
66	5	4	− 1	3	3	0	0	0	0	2	4	+ 2	10	11	+ 1
67	3	6	+ 3	3	2	− 1	0	1	+ 1	2	4	+ 2	8	13	+ 5
68— 78	25	15	− 10	15	11	− 4	10	4	− 6	25	37	+ 12	75	67	− 8
79—101	0	0	0	0	0	0	0	0	0	0	0	0	0	0	0
Summe:	546	575	+ 29	513	570	+ 57	101	106	+ 5	579	561	− 18	1739	1812	+ 73

Prozentzunahme der zugewandten Seite: +4,21
,,   ,, medianen Zone: +3,15
Absolute Zahlen: Zugewandte Seite: 1849
Abgewandte ,, 1771
Summendifferenz: +78

Tabelle IX. Homoinduktion von *Pisum*-Wurzeln. 6. II. 1926. 3^h. 1 mm. Fixiert nach GILSON. Gefärbt mit Eisenhämatoxylin. Der Versuch wurde im Gewächshaus unternommen.

Schnitt Nr.	Spirem A	Z	D_{Sp}	Metaphase A	Z	D_M	Anaphase A	Z	D_A	Telophase A	Z	D_T	Summe A	Z	D_S
1—7	0	0	0	0	0	0	0	0	0	0	0	0	0	0	0
8—29	30	39	+ 9	9	16	+ 7	2	1	− 1	16	18	+ 2	57	74	+ 17
30	6	3	− 3	2	3	+ 1	1	1	0	1	1	0	10	8	− 2
Seiten- betrag:	36	42	+ 6	11	19	+ 8	3	2	− 1	17	19	+ 2	67	82	+ 15

Tabelle IX (Fortsetzung).

Schnitt Nr.	Spirem A	Z	D_{Sp}	Metaphase A	Z	D_M	Anaphase A	Z	D_A	Telophase A	Z	D_T	Summe A	Z	D_S
Übertrag	36	42	+ 6	11	19	+ 8	3	2	− 1	17	19	+ 2	67	82	+15
31	5	5	0	0	2	+ 2	0	0	0	0	1	+ 1	5	8	+ 3
32	3	3	0	2	0	− 2	0	1	+ 1	0	5	+ 5	5	9	+ 4
33	3	2	− 1	2	1	− 1	0	0	0	0	3	+ 3	5	6	+ 1
34	2	8	+ 6	1	2	+ 1	0	1	+ 1	3	6	+ 3	6	17	+11
35	6	5	− 1	2	0	− 2	0	0	0	4	4	0	12	9	− 3
36	2	3	+ 1	1	1	0	0	0	0	4	3	− 1	7	7	0
37	10	3	− 7	3	0	− 3	0	0	0	5	2	− 3	18	5	−13
38	5	4	− 1	2	2	0	1	1	0	4	4	0	12	11	− 1
39	8	2	− 6	2	0	− 2	0	0	0	0	3	+ 3	10	5	− 5
M 40	3	2	− 1	2	0	− 2	0	0	0	0	1	+ 1	5	3	− 2
41	4	3	− 1	0	2	+ 2	0	0	0	0	0	0	4	5	+ 1
42	1	0	− 1	0	0	0	0	0	0	0	0	0	1	0	− 1
43	6	4	− 2	0	0	0	2	0	− 2	0	0	0	8	4	− 4
44	9	4	− 5	1	0	− 1	1	0	− 1	1	0	− 1	12	4	− 8
45	4	3	− 1	0	0	0	1	1	0	0	1	+ 1	5	5	0
46	4	4	0	2	1	− 1	0	0	0	1	4	+ 3	7	9	+ 2
47	2	1	− 1	0	1	+ 1	0	1	+ 1	0	0	0	2	3	+ 1
48	1	3	+ 2	0	0	0	0	0	0	1	0	− 1	2	3	+ 1
49	3	2	− 1	1	1	0	0	0	0	1	0	− 1	5	3	− 2
50	3	5	+ 2	1	1	0	0	0	0	1	0	− 1	5	6	+ 1
51—67	20	29	+ 9	7	10	+ 3	2	0	− 2	8	12	+ 4	37	51	+14
68—74	0	0	0	0	0	0	0	0	0	0	0	0	0	0	0
Summe:	140	137	− 3	40	43	+ 3	10	7	− 3	50	68	+18	240	255	+15

Prozentzunahme der zugewandten Seite: +6,25
          „   „ medianen Zone: −62,07
Absolute Zahlen: Zugewandte Seite: 255. Abgewandte Seite 240.
Summendifferenz: +15

Tabelle X. Homoinduktion von *Allium*-Wurzeln. 25. I. 1926. Fixiert nach GILSON. 2ʰ. 2 mm. Dunkel. Nachträgliches Wachstum 2ʰ. Gefärbt mit Eisenhämatoxylin.

Schnitt Nr.	Spirem A	Z	D_{Sp}	Metaphase A	Z	D_M	Anaphase A	Z	D_A	Telophase A	Z	D_T	Summe A	Z	D_S
1—5	0	0	0	0	0	0	0	0	0	0	0	0	0	0	0
6—13	54	59	+ 5	16	21	+ 5	17	9	− 8	25	22	− 3	112	111	− 1
14	10	8	− 2	3	7	+ 4	1	1	0	6	5	− 1	20	21	+ 1
15	9	4	− 5	5	5	0	2	0	− 2	3	4	+ 1	19	13	− 6
16	11	9	− 2	4	3	− 1	1	1	0	3	2	− 1	19	15	− 4
17	15	13	− 2	5	0	− 5	4	3	− 1	2	4	+ 2	26	20	− 6
18	9	8	− 1	1	4	+ 3	4	1	− 3	8	6	− 2	22	19	− 3
Seitenbetrag:	108	101	− 7	34	40	+ 6	29	15	−14	47	43	− 4	218	199	−19

Tabelle X (Fortsetzung).

Schnitt Nr.	Spirem A	Z	D_{Sp}	Metaphase A	Z	D_M	Anaphase A	Z	D_A	Telophase A	Z	D_T	Summe A	Z	D_S
Über-trag:	108	101	− 7	34	40	+ 6	29	15	− 14	47	43	− 4	218	199	− 19
19	13	13	0	6	1	− 5	2	4	+ 2	5	5	0	26	23	− 3
20	6	8	+ 2	4	3	− 1	4	1	− 3	8	3	− 5	22	15	− 7
21	8	11	+ 3	4	4	0	6	1	− 5	7	6	− 1	25	22	− 3
22	8	12	+ 4	4	3	− 1	1	1	0	7	3	− 4	20	19	− 1
23	7	8	+ 1	3	6	+ 3	5	3	− 2	8	4	− 4	23	21	− 2
24	8	8	0	5	3	− 2	4	3	− 1	7	6	− 1	24	20	− 4
25	7	6	− 1	4	3	− 1	3	3	0	9	8	− 1	23	20	− 3
26	−	−	−	−	−	−	−	−	−	−	−	−	−	−	−
27	5	4	− 1	5	4	− 1	3	3	0	6	7	+ 1	19	18	− 1
28	9	6	− 3	5	4	− 1	3	0	− 3	2	4	+ 2	19	14	− 5
29	10	11	+ 1	6	4	− 2	3	1	− 2	2	6	+ 4	21	22	+ 1
30	7	10	+ 3	3	3	0	3	3	0	6	7	+ 1	19	23	+ 4
31	6	10	+ 4	7	5	− 2	2	2	0	8	8	0	23	25	+ 2
32	9	10	+ 1	6	7	+ 1	3	2	− 1	5	5	0	23	24	+ 1
M 33	18	10	− 8	6	9	+ 3	1	2	+ 1	8	12	+ 4	33	33	0
34	14	17	+ 3	5	4	− 1	6	6	0	3	9	+ 6	28	36	+ 8
35	8	8	0	1	2	+ 1	3	1	− 2	10	11	+ 1	22	22	0
36	10	8	− 2	2	4	+ 2	5	7	+ 2	10	10	0	27	29	+ 2
37	11	10	− 1	6	2	− 4	1	1	0	1	6	+ 5	19	19	0
38	12	12	0	9	6	− 3	5	2	− 3	9	10	+ 1	35	30	− 5
39	6	9	+ 3	3	4	+ 1	2	4	+ 2	8	14	+ 6	19	31	+ 12
40	12	10	− 2	3	4	+ 1	2	5	+ 3	6	8	+ 2	23	27	+ 4
41	14	11	− 3	5	4	− 1	1	3	+ 2	16	11	− 5	36	29	− 7
42	7	6	− 1	3	4	+ 1	0	3	+ 3	7	11	+ 4	17	24	+ 7
43	8	4	− 4	2	3	+ 1	1	1	0	6	10	+ 4	17	18	+ 1
44	11	10	− 1	6	0	− 6	3	2	− 1	8	11	+ 3	28	23	− 5
45	13	9	− 4	8	2	− 6	4	4	0	7	3	− 4	32	18	− 14
46	11	12	+ 1	4	1	− 3	3	3	0	11	4	− 7	29	20	− 9
47	16	12	− 4	6	5	− 1	1	1	0	7	8	+ 1	30	26	− 4
48	16	14	− 2	5	1	− 4	2	4	+ 2	6	6	0	29	25	− 4
49	9	6	− 3	3	4	+ 1	1	1	0	3	2	− 1	16	13	− 3
50	14	6	− 8	6	5	− 1	5	4	− 1	5	14	+ 9	30	29	− 1
51	15	10	− 5	3	4	+ 1	2	3	+ 1	10	6	− 4	30	23	− 7
52	9	9	0	1	1	0	3	2	− 1	12	6	− 6	25	18	− 7
53—60	45	59	+ 14	22	23	+ 1	14	14	0	37	29	− 8	118	125	+ 7
61—63	0	0	0	0	0	0	0	0	0	0	0	0	0	0	0
Summe:	490	470	− 20	205	182	− 23	136	115	− 21	317	316	− 1	1148	1083	− 65

Prozentzunahme der zugewandten Seite: −6,0
„   „ medianen Zone: +2,97
Absolute Zahlen: Zugewandte Seite: 1083. Abgewandte Seite 1148.
Summendifferenz: —65.

Tabelle XI. Homoinduktion von *Pisum*-Wurzeln. 26. I. 1926. $2^1/_2{}^h$. Fixiert nach Gilson. Gefärbt mit Eisenhämatoxylin. Die induzierende Wurzel wuchs während des Versuches bis zum Kontakt.

Schnitt Nr.	Spirem A	Z	D_{Sp}	Metaphase A	Z	D_M	Anaphase A	Z	D_A	Telophase A	Z	D_T	Summe A	Z	D_S
1—5	0	0	0	0	0	0	0	0	0	0	0	0	0	0	0
6—24	47	58	+11	7	12	+ 5	3	6	+ 3	5	8	+ 3	62	84	+22
25	3	1	− 2	0	1	+ 1	0	1	+ 1	0	0	0	3	3	0
26	1	1	0	0	0	0	0	0	0	0	1	+ 1	1	2	+ 1
27	2	1	− 1	1	0	− 1	0	0	0	0	0	0	3	1	− 2
28	2	4	+ 2	0	2	+ 2	0	2	+ 2	0	0	0	2	8	+ 6
29	4	2	− 2	0	1	+ 1	0	0	0	0	0	0	4	3	− 1
30	2	6	+ 4	0	0	0	0	1	+ 1	0	0	0	2	7	+ 5
31	2	3	+ 1	1	1	0	0	0	0	0	1	+ 1	3	5	+ 2
32	3	7	+ 4	2	0	− 2	1	0	− 1	0	1	+ 1	6	8	+ 2
33	3	2	− 1	1	0	− 1	0	1	+ 1	0	0	0	4	3	− 1
34	1	4	+ 3	1	0	− 1	0	0	0	0	0	0	2	4	+ 2
M 35	2	8	+ 6	0	0	0	0	0	0	0	0	0	2	8	+ 6
36	2	6	+ 4	1	0	− 1	1	0	− 1	0	0	0	4	6	+ 2
37	3	5	+ 2	0	2	+ 2	0	1	+ 1	0	0	0	3	8	+ 5
38	0	1	+ 1	2	1	− 1	0	0	0	0	0	0	2	2	0
39	0	0	0	4	2	− 2	0	0	0	2	0	− 2	6	2	− 4
40	6	4	− 2	0	2	+ 2	0	0	0	3	2	− 1	9	8	− 1
41	7	5	− 2	5	0	− 5	0	1	+ 1	2	2	0	14	8	− 6
42	4	6	+ 2	8	3	− 5	0	0	0	0	1	+ 1	12	10	− 2
43	4	8	+ 4	1	1	0	0	0	0	1	1	0	6	10	+ 4
44	6	6	0	0	7	+ 7	0	1	+ 1	0	2	+ 2	6	16	+10
45	4	4	0	2	7	+ 5	1	0	− 1	1	3	+ 2	8	14	+ 6
46	3	1	− 2	1	4	+ 3	1	1	0	0	3	+ 3	5	9	+ 4
47	3	5	+ 2	0	1	+ 1	0	1	+ 1	0	2	+ 2	3	9	+ 6
48—59	21	14	− 7	0	3	+ 3	1	0	− 1	5	6	+ 1	27	23	− 4
60—70	0	0	0	0	0	0	0	0	0	0	0	0	0	0	0
Summe:	135	162	+27	37	50	+13	8	16	+ 8	19	33	+14	199	261	+62

Prozentzunahme der zugewandten Seite: +31,1
„   „ medianen Zone: +41,68
Absolute Zahlen: Zugewandte Seite: 261
       Abgewandte „   199
       Summendifferenz: +62

Tabelle XII. Homoinduktion von *Allium*-Wurzeln. 16. VI. 1926. $1^3/_4{}^h$. Fixiert nach GILSON. Gefärbt mit Eisenhämatoxylin. Die Induktion wurde mit 3 Wurzeln vorgenommen. 3—7 mm. Dunkel.

Schnitt Nr.	Spirem		D_{Sp}	Metaphase		D_M	Anaphase		D_A	Telophase		D_T	Summe		D_S
	A	Z		A	Z		A	Z		A	Z		A	Z	
1—6	0	0	0	0	0	0	0	0	0	0	0	0	0	0	0
7—18	90	89	− 1	39	36	− 3	34	30	− 4	25	31	+ 6	188	186	− 2
19	21	16	− 5	9	4	− 5	2	5	+ 3	4	3	− 1	36	28	− 8
20	22	14	− 8	11	7	− 4	2	5	+ 3	3	3	0	38	29	− 9
21	19	14	− 5	8	7	− 1	8	2	− 6	4	3	− 1	39	26	−13
22	18	18	0	10	6	− 4	6	5	− 1	4	2	− 2	38	31	− 7
23	12	16	+ 4	11	10	− 1	7	10	+ 3	2	5	+ 3	32	41	+ 9
24	17	15	− 2	8	6	− 2	7	3	− 4	5	1	− 4	37	25	−12
25	14	10	− 4	4	11	+ 7	6	0	− 6	4	3	− 1	28	24	− 4
26	9	12	+ 3	7	11	+ 4	6	3	− 3	5	10	+ 5	27	36	+ 9
27	10	11	+ 1	5	9	+ 4	4	4	0	5	3	− 2	24	27	+ 3
28	12	9	− 3	7	6	− 1	8	5	− 3	4	6	+ 2	31	26	− 5
29	14	16	+ 2	6	9	+ 3	4	5	+ 1	2	3	+ 1	26	33	+ 7
30	16	6	−10	10	9	− 1	4	6	+ 2	2	5	+ 3	32	26	− 6
31	16	12	− 4	7	7	0	0	5	+ 5	3	4	+ 1	26	28	+ 2
32	20	12	− 8	4	8	+ 4	2	6	+ 4	4	5	+ 1	30	31	+ 1
33	16	20	+ 4	5	10	+ 5	2	4	+ 2	5	6	+ 1	28	40	+12
34	13	15	+ 2	5	8	+ 3	0	5	+ 5	4	6	+ 2	22	34	+12
M 35	17	13	− 4	15	17	+ 2	3	5	+ 2	5	8	+ 3	40	43	+ 3
36	18	15	− 3	12	13	+ 1	2	3	+ 1	6	12	+ 6	38	43	+ 5
37	22	15	− 7	11	16	+ 5	2	3	+ 1	6	6	0	41	40	− 1
38	16	16	0	3	11	+ 8	3	11	+ 8	7	6	− 1	29	44	+15
39	15	17	+ 2	4	12	+ 8	5	9	+ 4	2	11	+ 9	26	49	+23
40	18	12	− 6	8	13	+ 5	4	5	+ 1	6	11	+ 5	36	41	+ 5
41	17	11	− 6	9	11	+ 2	6	3	− 3	5	5	0	37	30	− 7
42	15	18	+ 3	10	15	+ 5	5	2	− 3	7	10	+ 3	37	45	+ 8
43	15	12	− 3	9	9	0	7	4	− 3	8	5	− 3	39	30	− 9
44	14	18	+ 4	14	11	− 3	3	8	+ 5	7	3	− 4	38	40	+ 2
45	11	13	+ 2	15	14	− 1	8	4	− 4	14	9	− 5	48	40	− 8
46	9	12	+ 3	13	11	− 2	2	4	+ 2	7	5	− 2	31	32	+ 1
47	12	7	− 5	9	17	+ 8	2	5	+ 3	6	7	+ 1	29	36	+ 7
48	9	14	+ 5	13	9	− 4	3	9	+ 6	8	4	− 4	33	36	+ 3
49	10	6	− 4	15	5	−10	4	11	+ 7	9	7	− 2	38	29	− 9
50	7	8	+ 1	9	8	− 1	5	4	− 1	8	4	− 4	29	24	− 5
51	8	6	− 2	10	6	− 4	7	4	− 3	7	5	− 2	32	21	−11
52	11	7	− 4	17	15	− 2	2	4	+ 2	8	8	0	38	34	− 4
53	4	2	− 2	16	7	− 9	4	5	+ 1	5	10	+ 5	29	24	− 5
54	7	4	− 3	10	11	+ 1	4	4	0	10	6	− 4	31	25	− 6
Seitenbetrag:	594	531	− 63	378	395	+17	183	210	+27	226	241	+15	1381	1377	− 4

Tabelle XII (Fortsetzung).

Schnitt Nr.	Spirem		D_{Sp}	Metaphase		D_M	Anaphase		D_A	Telophase		D_T	Summe		D_S
	A	Z		A	Z		A	Z		A	Z		A	Z	
Übertrag:	594	531	− 63	378	395	+ 17	183	210	+ 27	226	241	+ 15	1381	1377	− 4
55—62	13	9	− 4	16	12	− 4	6	7	+ 1	21	22	+ 1	56	50	− 6
63—64	0	0	0	0	0	0	0	0	0	0	0	0	0	0	0
Summe:	607	540	− 67	394	407	+ 13	189	217	+ 28	247	263	+ 16	1437	1427	− 10

Prozentzunahme der zugewandten Seite: −1,85
„   „ medianen Zone: +20,40
Absolute Zahlen: Zugewandte Seite: 1427
Abgewandte „   1437
Summendifferenz: −10

Tabelle XIII. Homoinduktion von *Allium*-Wurzeln. 11. VI. 1926. $1^3/_4{}^h$. Fixiert nach GILSON. Gefärbt mit Eisenhämatoxylin. Die Induktion wurde mit 5 Wurzeln vorgenommen. 3 mm. Dunkel.

Schnitt Nr.	Spirem		D_{Sp}	Metaphase		D_M	Anaphase		D_A	Telophase		D_T	Summe		D_S
	A	Z		A	Z		A	Z		A	Z		A	Z	
1—7	0	0	0	0	0	0	0	0	0	0	0	0	0	0	0
8—17	6	3	− 3	6	11	+ 5	10	14	+ 4	14	21	+ 7	36	49	+13
18	12	5	− 7	4	4	0	5	2	− 3	3	1	− 2	24	12	−12
19	9	5	− 4	2	3	+ 1	5	2	− 3	6	11	+ 5	22	21	− 1
20	7	5	− 2	2	3	+ 1	2	0	− 2	1	4	+ 3	12	12	0
21	9	7	− 2	3	4	+ 1	1	2	+ 1	5	2	− 3	18	15	− 3
22	5	5	0	6	4	− 2	0	1	+ 1	2	1	− 1	13	11	− 2
M 23	4	2	− 2	4	6	+ 2	2	2	0	2	2	0	12	12	0
24	3	2	− 1	1	2	+ 1	0	0	0	1	2	+ 1	5	6	+ 1
25	10	4	− 6	0	3	+ 3	2	1	− 1	5	6	+ 1	17	14	− 3
26	5	5	0	4	7	+ 3	2	3	+ 1	5	7	+ 2	16	22	+ 6
27	4	8	+ 4	7	4	− 3	3	5	+ 2	1	1	0	15	18	+ 3
28	9	9	0	6	5	− 1	2	3	+ 1	3	6	+ 3	20	23	+ 3
29	5	3	− 2	4	7	+ 3	1	2	+ 1	1	3	+ 2	11	15	+ 4
30—31	−	−	−	−	−	−	−	−	−	−	−	−	−	−	−
32	4	6	+ 2	1	4	+ 3	1	2	+ 1	0	3	+ 3	6	15	+ 9
33—44	132	112	− 20	25	46	+21	29	28	− 1	31	42	+11	217	228	+11
45—67	0	0	0	0	0	0	0	0	0	0	0	0	0	0	0
Summe:	224	181	− 43	75	113	+38	65	67	+ 2	80	112	+32	444	473	+29

Prozentzunahme der zugewandten Seite: +6,53
„   „ medianen Zone: −10,84
Absolute Zahlen: Zugewandte Seite: 473
Abgewandte „   444
Summendifferenz: +29

Tabelle XIV. Homoinduktion von *Pisum*-Wurzeln. 15. VI. 1926. $2^1/_2{}^\text{h}$. Fixiert nach BOUIN-ALLAN. Gefärbt mit Eisenhämatoxylin. Die Induktion wurde mit 3 Wurzeln vorgenommen. (Rücken.) Etwa 2 mm. Dunkel.

Schnitt Nr.	Spirem A	Spirem Z	D_{Sp}	Metaphase A	Metaphase Z	D_M	Anaphase A	Anaphase Z	D_A	Telophase A	Telophase Z	D_T	Summe A	Summe Z	D_S
1—5	0	0	0	0	0	0	0	0	0	0	0	0	0	0	0
6—7	3	0	− 3	1	0	− 1	0	0	0	0	0	0	4	0	− 4
8—11	—	—	—	—	—	—	—	—	—	—	—	—	—	—	—
12—21	28	26	− 2	11	14	+ 3	1	2	+ 1	11	14	+ 3	51	56	+ 5
22	4	1	− 3	1	4	+ 3	0	2	+ 2	1	1	0	6	8	+ 2
23	4	5	+ 1	2	2	0	2	1	− 1	1	3	+ 2	9	11	+ 2
24	6	4	− 2	2	3	+ 1	0	0	0	4	1	− 3	12	8	− 4
25	8	7	− 1	1	7	+ 6	3	1	− 2	0	1	+ 1	12	16	+ 4
26	4	7	+ 3	5	1	− 4	1	1	0	1	2	+ 1	11	11	0
27	2	5	+ 3	11	7	− 4	1	4	+ 3	0	0	0	14	16	+ 2
M 28	6	4	− 2	2	3	+ 1	0	2	+ 2	2	1	− 1	10	10	0
29	14	8	− 6	3	5	+ 2	0	0	0	1	3	+ 2	18	16	− 2
30	7	10	+ 3	1	3	+ 2	0	2	+ 2	2	1	− 1	10	16	+ 6
31	11	6	− 5	1	3	+ 2	0	3	+ 3	5	2	− 3	17	14	− 3
32	11	9	− 2	2	6	+ 4	0	2	+ 2	2	3	+ 1	15	20	+ 5
33	11	10	− 1	6	4	− 2	1	3	+ 2	3	1	− 2	21	18	− 3
34	11	13	+ 2	3	9	+ 6	1	0	− 1	0	1	+ 1	15	23	+ 8
35	6	10	+ 4	3	4	+ 1	2	3	+ 1	1	2	+ 1	12	19	+ 7
36	7	12	+ 5	7	2	− 5	1	4	+ 3	1	1	0	16	19	+ 3
37	8	7	− 1	1	3	+ 2	2	1	− 1	3	3	0	14	14	0
38	14	8	− 6	1	2	+ 1	0	2	+ 2	2	5	+ 3	17	17	0
39	13	12	− 1	2	3	+ 1	2	1	− 1	3	3	0	20	19	− 1
40	6	7	+ 1	3	1	− 2	0	1	+ 1	1	0	− 1	10	9	− 1
41	5	6	+ 1	1	1	0	0	0	0	1	0	− 1	7	7	0
42	3	6	+ 3	0	1	+ 1	0	1	+ 1	2	4	+ 2	5	12	+ 7
43	3	6	+ 3	1	0	− 1	0	0	0	2	1	− 1	6	7	+ 1
44	8	5	− 3	3	1	− 2	1	0	− 1	2	1	− 1	14	7	− 7
45	6	6	0	2	4	+ 2	0	0	0	1	2	+ 1	9	12	+ 3
46	3	7	+ 4	0	0	0	0	1	+ 1	1	1	0	4	9	+ 5
47—58	39	41	+ 2	5	5	0	0	2	+ 2	1	2	+ 1	45	50	+ 5
59—65	0	0	0	0	0	0	0	0	0	0	0	0	0	0	0
Summe:	251	248	− 3	81	98	+17	18	39	+21	54	59	+ 5	404	444	+40

Prozentzunahme der zugewandten Seite: + 9,9

„   „ medianen Zone: +4,69

Absolute Zahlen: Zugewandte Seite: 444

Abgewandte „ 404

Summendifferenz: +40

Tabelle XV. Homoinduktion von *Pisum*-Wurzeln. 12. VI. 1926. 3^h. Fixiert nach Bouin-Allan. Gefärbt mit Eisenhämatoxylin. Die Induktion wurde mit 3 Wurzeln vorgenommen. Etwa 2 mm. Dunkel.

Schnitt Nr.	Spirem		D_{Sp}	Metaphase		D_M	Anaphase		D_A	Telophase		D_T	Summe		D_S
	A	Z		A	Z		A	Z		A	Z		A	Z	
1—15	0	0	0	0	0	0	0	0	0	0	0	0	0	0	0
16—39	33	31	− 2	68	60	− 8	13	24	+11	45	46	+ 1	159	161	+ 2
40	6	11	+ 5	8	4	− 4	0	2	+ 2	3	8	+ 5	17	25	+ 8
41	7	12	+ 5	12	2	−10	2	1	− 1	3	9	+ 6	24	24	0
42	5	5	0	5	2	− 3	3	5	+ 2	5	5	0	18	17	− 1
43	1	7	+ 6	9	4	− 5	4	1	− 3	3	2	− 1	17	14	− 3
44	5	4	− 1	6	9	+ 3	4	2	− 2	2	7	+ 5	17	22	+ 5
45	2	3	+ 1	6	12	+ 6	2	1	− 1	3	8	+ 5	13	24	+11
46	4	3	− 1	7	11	+ 4	2	4	+ 2	5	9	+ 4	18	27	+ 9
47	6	7	+ 1	4	10	+ 6	0	7	+ 7	4	8	+ 4	14	32	+18
48	8	5	− 3	3	12	+ 9	5	3	− 2	3	2	− 1	19	22	+ 3
49	2	2	0	4	8	+ 4	5	3	− 2	8	7	− 1	19	20	+ 1
50	5	2	− 3	3	13	+10	0	3	+ 3	5	5	0	13	23	+10
51	6	3	− 3	6	10	+ 4	5	1	− 4	3	4	+ 1	20	18	− 2
M 52	6	5	− 1	10	12	+ 2	1	3	+ 2	3	4	+ 1	20	24	+ 4
53	5	2	− 3	3	11	+ 8	3	2	− 1	5	5	0	16	20	+ 4
54	6	6	0	8	4	− 4	3	2	− 1	3	7	+ 4	20	19	− 1
55	5	7	+ 2	16	8	− 8	4	2	− 2	3	7	+ 4	28	24	− 4
56	8	6	− 2	10	9	− 1	4	7	+ 3	6	8	+ 2	28	30	+ 2
57	4	4	0	13	6	− 7	1	1	0	4	3	− 1	22	14	− 8
58	7	4	− 3	11	18	+ 7	4	5	+ 1	8	4	− 4	30	31	+ 1
59	6	3	− 3	13	14	+ 1	5	1	− 4	6	4	− 2	30	22	− 8
60	4	2	− 2	11	12	+ 1	3	5	+ 2	1	3	+ 2	19	22	+ 3
61	7	6	− 1	16	16	0	4	4	0	2	6	+ 4	29	32	+ 3
62	4	1	− 3	11	11	0	·4	3	− 1	7	2	− 5	26	17	− 9
63	3	5	+ 2	15	11	− 4	5	1	− 4	4	5	+ 1	27	22	− 5
64	3	5	+ 2	15	9	− 6	3	4	+ 1	6	2	− 4	27	20	− 7
65	7	5	− 2	19	17	− 2	9	4	− 5	9	3	− 6	44	29	−15
66	4	3	− 1	15	13	− 2	9	5	− 4	2	5	+ 3	30	26	− 4
67	3	6	+ 3	14	15	+ 1	7	4	− 3	3	6	+ 3	27	31	+ 4
68	3	4	+ 1	11	7	− 4	2	3	+ 1	5	5	0	21	19	− 2
69	4	8	+ 4	11	11	0	2	0	− 2	2	5	+ 3	19	24	+ 5
70	6	5	− 1	10	13	+ 3	2	3	+ 1	4	2	− 2	22	23	+ 1
71	2	7	+ 5	10	6	− 4	1	1	0	0	10	+10	13	24	+11
72	6	5	− 1	11	7	− 4	1	3	+ 2	2	4	+ 2	20	19	− 1
73	8	11	+ 3	9	8	− 1	3	3	0	1	3	+ 2	21	25	+ 4
74	8	3	− 5	9	13	+ 4	2	4	+ 2	2	6	+ 4	21	26	+ 5
75	7	7	0	7	5	− 2	1	0	− 1	3	1	− 2	18	13	− 5
76	7	4	− 3	6	5	− 1	1	3	+ 2	6	2	− 4	20	14	− 6
Seitenbetrag:	223	219	− 4	425	418	− 7	129	130	+ 1	189	232	+43	966	999	+33

Tabelle XV (Fortsetzung).

Schnitt Nr.	Spirem A	Z	D_{Sp}	Metaphase A	Z	D_M	Anaphase A	Z	D_A	Telophase A	Z	D_T	Summe A	Z	D_S
Übertrag:	223	219	−4	425	418	− 7	129	130	+1	189	232	+43	966	999	+33
77	3	3	0	9	14	+ 5	4	1	−3	2	1	− 1	18	19	+ 1
78	4	0	−4	7	9	+ 2	4	0	−4	2	1	− 1	17	10	− 7
79	1	5	+4	8	9	+ 1	0	8	+8	2	1	− 1	11	23	+12
80	5	7	+2	5	11	+ 6	1	3	+2	5	3	− 2	16	24	+ 8
81	1	9	+8	9	2	− 7	4	1	−3	1	3	+ 2	15	15	0
82	4	8	+4	6	5	− 1	1	2	+1	1	4	+ 3	12	19	+ 7
83	5	5	0	4	7	+ 3	0	2	+2	1	2	+ 1	10	16	+ 6
84	4	4	0	5	6	+ 1	2	0	−2	6	1	− 5	17	11	− 6
85	8	6	−2	3	6	+ 3	2	1	−1	2	4	+ 2	15	17	+ 2
86	10	6	−4	2	7	+ 5	1	2	+1	3	2	− 1	16	17	+ 1
87	5	3	−2	4	5	+ 1	1	0	−1	2	0	− 2	12	8	− 4
88	3	10	+7	6	1	− 5	1	2	+1	1	9	+ 8	11	22	+11
89—95	22	17	−5	19	22	+ 3	5	4	−1	7	9	+ 2	53	52	− 1
96—99	0	0	0	0	0	0	0	0	0	0	0	0	0	0	0
Summe:	298	302	+4	512	522	+10	155	156	+1	224	272	+48	1189	1252	+63

Prozentzunahme der zugewandten Seite: +5,3
„   „ medianen Zone: +12,32
Absolute Zahlen: Zugewandte Seite: 1252
Abgewandte   „   1189
Summendifferenz: +63

Tabelle XVI. Homoinduktion von *Pisum*-Wurzeln. 2. VIII. 1926. $1^{1}/_{2}{}^{\mathrm{h}}$.
Fixiert nach BOUIN-ALLAN. Gefärbt mit Eisenhämatoxylin. Die induzierende Wurzel war
direkt an den Kolyledonen abgeschnitten. 1 mm.

Schnitt Nr.	Spirem A	Z	D_{Sp}	Metaphase A	Z	D_M	Anaphase A	Z	D_A	Telophase A	Z	D_T	Summe A	Z	D_S
1—5	0	0	0	0	0	0	0	0	0	0	0	0	0	0	0
6—35	182	150	− 32	53	49	− 4	14	15	+ 1	53	54	+ 1	302	268	− 34
36	4	5	+ 1	3	3	0	0	0	0	2	1	− 1	9	9	0
37	9	7	− 2	2	2	0	0	1	+ 1	1	2	+ 1	12	12	0
38	5	4	− 1	2	1	− 1	2	1	− 1	4	1	− 3	13	7	− 6
39	4	4	0	1	1	0	2	0	− 2	5	6	+ 1	12	11	− 1
40	7	6	− 1	0	0	0	0	0	0	0	4	+ 4	7	10	+ 3
41	6	4	− 2	2	1	− 1	0	1	+ 1	2	6	+ 4	10	12	+ 2
42	9	4	− 5	2	0	− 2	1	2	+ 1	2	0	− 2	14	6	− 8
M 43	6	6	0	1	3	+ 2	1	1	0	1	1	0	9	11	+ 2
44	3	11	+ 8	0	0	0	0	0	0	2	1	− 1	5	12	+ 7
45	6	3	− 3	1	3	+ 2	0	1	+ 1	4	3	− 1	11	10	− 1
Übertrag:	241	204	− 37	67	63	− 4	20	22	+ 2	76	79	+ 3	404	368	− 36

Tabelle XVI (Fortsetzung).

Schnitt Nr.	Spirem A	Spirem Z	D_{Sp}	Metaphase A	Metaphase Z	D_M	Anaphase A	Anaphase Z	D_A	Telophase A	Telophase Z	D_T	Summe A	Summe Z	D_S
Übertrag:	241	204	− 37	67	63	− 4	20	22	+ 2	76	79	+ 3	404	368	− 36
46	8	6	− 2	0	1	+ 1	0	2	+ 2	3	2	− 1	11	11	0
47—48	—	—	—	—	—	—	—	—	—	—	—	—	—	—	—
49	7	9	+ 2	2	1	− 1	2	1	− 1	4	2	− 2	15	13	− 2
50	6	7	+ 1	3	0	− 3	0	0	0	1	2	+ 1	10	9	− 1
51	5	5	0	0	3	+ 3	0	0	0	0	1	+ 1	5	9	+ 4
52	2	6	+ 4	0	2	+ 2	0	0	0	3	4	+ 1	5	12	+ 7
53	4	5	+ 1	0	0	0	2	2	0	6	0	− 6	12	7	− 5
54	5	7	+ 2	3	1	− 2	0	1	+ 1	3	2	− 1	11	11	0
55	5	3	− 2	3	0	− 3	1	0	− 1	1	3	+ 2	10	6	− 4
56	3	3	0	1	0	− 1	1	0	− 1	3	1	− 2	8	4	− 4
57	8	5	− 3	3	1	− 2	0	0	0	3	3	0	14	9	− 5
58	2	5	+ 3	1	2	+ 1	0	0	0	2	2	0	5	9	+ 4
59	6	2	− 4	1	2	+ 1	2	1	− 1	2	1	− 1	11	6	− 5
60	4	4	0	0	1	+ 1	0	1	+ 1	3	0	− 3	7	6	− 1
61	8	5	− 3	2	2	0	0	0	0	1	1	0	11	8	− 3
62	4	6	+ 2	4	1	− 3	0	0	0	1	1	0	9	8	− 1
63	5	4	− 1	0	1	+ 1	2	0	− 2	1	0	− 1	8	5	− 3
64	3	3	0	2	1	− 1	2	0	− 2	3	3	0	10	7	− 3
65—97	71	75	+ 4	8	14	+ 6	8	9	+ 1	22	21	− 1	109	119	+ 10
98—134	0	0	0	0	0	0	0	0	0	0	0	0	0	0	0
Summe:	397	364	− 33	100	96	− 4	40	39	− 1	138	128	− 10	675	627	− 48

Prozentzunahme der zugewandten Seite: −7,65

　　　　　　　　,,　　　,, medianen Zone:　　　−2,22

Absolute Zahlen: Zugewandte Seite:　627

　　　　　　　　Abgewandte　　,,　　　675

　　　　　　　　Summendifferenz:　−48

Tabelle XVII. Homoinduktion von *Pisum*-Wurzeln. 13. VIII. 1926. $1^{1}/_{2}{}^{\mathrm{h}}$. Fixiert nach BOUIN-ALLAN. Die induzierende Wurzel war direkt an den Kotyledonen abgeschnitten. Gefärbt mit Eisenhämatoxylin. 2 mm.

Schnitt Nr.	Spirem A	Spirem Z	D_{Sp}	Metaphase A	Metaphase Z	D_M	Anaphase A	Anaphase Z	D_A	Telophase A	Telophase Z	D_T	Summe A	Summe Z	D_S
1—20	0	0	0	0	0	0	0	0	0	0	0	0	0	0	0
21—49	164	142	− 22	104	81	− 23	43	38	− 5	70	72	+ 2	381	333	− 48
50	8	4	− 4	15	8	− 7	4	3	− 1	10	7	− 3	37	22	− 15
51	5	6	+ 1	10	17	+ 7	4	5	+ 1	6	7	+ 1	25	35	+ 10
52	4	6	+ 2	4	9	+ 5	2	6	+ 4	5	4	− 1	15	25	+ 10
Seitenbetra g:	181	158	− 23	133	115	− 18	53	52	− 1	91	90	− 1	458	415	− 43

Tabelle XVII (Fortsetzung).

Schnitt Nr.	Spirem A	Z	D_{Sp}	Metaphase A	Z	D_M	Anaphase A	Z	D_A	Telophase A	Z	D_T	Summe A	Z	D_S
Übertrag:	181	158	− 23	133	115	− 18	53	52	− 1	91	90	−1	458	415	− 43
53	4	8	+ 4	14	20	+ 6	2	2	0	9	2	−7	29	32	+ 3
54	5	3	− 2	10	11	+ 1	6	4	− 2	3	5	+2	24	23	− 1
55	5	4	− 1	12	12	0	1	3	+ 2	8	7	−1	26	26	0
56	2	5	+ 3	13	20	+ 7	3	3	0	6	4	−2	24	32	+ 8
57	11	15	+ 4	14	12	− 2	5	9	+ 4	6	6	0	36	42	+ 6
58	12	13	+ 1	8	6	− 2	7	8	+ 1	4	2	−2	31	29	− 2
59	12	12	0	15	18	+. 3	8	6	− 2	9	5	−4	44	41	− 3
60	14	11	− 3	11	16	+ 5	10	5	− 5	7	7	0	42	39	− 3
61	14	18	+ 4	7	12	+ 5	4	6	+ 2	5	5	0	30	41	+11
62	12	18	+ 6	12	12	0	6	9	+ 3	3	5	+2	33	44	+11
63	22	12	−10	16	12	− 4	4	4	0	10	6	−4	52	34	−18
64	17	7	−10	9	8	− 1	4	3	− 1	5	6	+1	35	24	−11
65	15	14	− 1	11	12	+ 1	5	6	+ 1	5	5	0	36	37	+ 1
66	12	12	0	4	13	+ 9	7	6	− 1	2	7	+5	25	38	+13
67	15	13	− 2	10	15	+ 5	3	3	0	3	6	+3	31	37	+ 6
M68	14	10	− 4	11	15	+ 4	1	1	0	3	7	+4	29	33	+ 4
69	12	9	− 3	12	16	+ 4	3	1	− 2	4	3	−1	31	29	− 2
70	14	13	− 1	14	7	− 7	2	3	+ 1	6	8	+2	36	31	− 5
71	8	9	+ 1	12	10	− 2	2	6	+ 4	6	3	−3	28	28	0
72	10	12	+ 2	13	11	− 2	2	4	+ 2	3	7	+4	28	34	+ 6
73	12	18	+ 6	9	8	− 1	2	2	0	3	2	−1	26	30	+ 4
74	10	9	− 1	17	8	− 9	1	2	+ 1	7	6	−1	35	25	− 10
75	14	14	0	7	9	+ 2	3	3	0	6	4	−2	30	30	0
76	−	−	−	−	−	−	−	−	−	−	−	−	−	−	−
77	10	13	+ 3	5	10	+ 5	5	6	+ 1	8	6	−2	28	35	+ 7
78	21	14	− 7	6	4	− 2	2	2	0	5	4	−1	34	24	− 10
79	15	17	+ 2	5	8	+ 3	4	4	0	6	6	0	30	35	+ 5
80	11	12	+ 1	11	7	− 4	5	1	− 4	2	8	+6	29	28	+ 1
81	12	13	+ 1	5	11	+ 6	1	2	+ 1	7	6	−1	25	32	+ 7
82	8	12	+ 4	6	3	− 3	3	3	0	4	6	+2	21	24	+ 3
83	10	9	− 1	8	7	− 1	4	4	0	7	4	−3	29	24	− 5
84	4	6	+ 2	1	11	+10	6	6	0	3	9	+6	14	32	+18
85	8	5	− 3	8	11	+ 3	2	1	− 1	7	2	−5	25	19	− 6
86	6	7	+ 1	6	12	+ 6	4	3	− 1	3	4	+1	19	26	+ 7
87	4	3	− 1	6	7	+ 1	2	0	− 2	1	5	+4	13	15	+ 2
88	6	4	− 2	4	11	+ 7	1	3	+ 2	2	7	+5	13	25	+12
89	7	13	+ 6	8	7	− 1	2	2	0	6	2	−4	23	24	+ 1
90	11	10	− 1	6	5	− 1	2	1	− 1	1	9	+8	20	25	+ 5
91	11	16	+ 5	8	8	0	3	2	− 1	7	2	−5	29	28	− 1
92	11	5	− 6	2	4	+ 2	0	2	+ 2	3	7	+4	16	18	+ 2
Seitenbetrag:	602	576	− 26	489	524	+35	190	193	+ 3	286	295	+9	1567	1588	+21

Tabelle XVII (Fortsetzung).

Schnitt Nr.	Spirem A	Z	D_{Sp}	Metaphase A	Z	D_M	Anaphase A	Z	D_A	Telophase A	Z	D_T	Summe A	Z	D_S
Über-trag:	602	576	−26	489	524	+35	190	193	+3	286	295	+9	1567	1588	+21
93	9	8	− 1	6	6	0	3	3	0	4	2	−2	22	19	− 3
94	8	8	0	6	5	− 1	2	1	−1	8	6	−2	24	20	− 4
95	9	11	+ 2	8	2	− 6	2	2	0	5	8	+3	24	23	− 1
96	8	11	+ 3	10	4	− 6	0	0	0	6	4	−2	24	19	− 5
97	8	16	+ 8	7	8	+ 1	2	3	+1	2	6	+4	19	33	+14
98—100	21	17	− 4	8	11	+ 3	2	2	0	11	5	−6	42	35	− 7
101—103	0	0	0	0	0	0	0	0	0	0	0	0	0	0	0
Summe:	665	647	−18	534	560	+26	201	204	+3	322	326	+4	1722	1737	+15

Prozentzunahme der zugewandten Seite: +0,87

„   „ medianen Zone: −0,56

Absolute Zahlen: Zugewandte Seite: 1737

Abgewandte „ 1722

Summendifferenz: +15

Tabelle XVIII. Homoinduktion von *Pisum*-Wurzeln. 13. VIII. 1926. $1^1/_2{}^h$. Fixiert nach BOUIN-ALLAN. Bei der induzierenden Wurzel war das Meristem abgeschnitten. Gefärbt mit Eisenhämatoxylin. 1 mm.

Schnitt Nr.	Spirem A	Z	D_{Sp}	Metaphase A	Z	D_M	Anaphase A	Z	D_A	Telophase A	Z	D_T	Summe A	Z	D_S
1—4	0	0	0	0	0	0	0	0	0	0	0	0	0	0	0
5—15	39	46	+ 7	19	34	+15	7	6	− 1	21	29	+ 8	86	115	+29
16	12	4	− 8	5	5	0	3	0	− 3	1	4	+ 3	21	13	− 8
17	5	8	+ 3	7	4	− 3	3	3	0	8	4	− 4	23	19	− 4
18	22	18	− 4	8	7	− 1	5	3	− 2	8	5	− 3	43	33	−10
19	15	17	+ 2	5	4	− 1	0	4	+ 4	5	8	+ 3	25	33	+ 8
20	19	10	− 9	10	10	0	2	2	0	8	4	− 4	39	26	−13
21	16	11	− 5	4	8	+ 4	4	3	− 1	8	10	+ 2	32	32	0
22	12	8	− 4	8	7	− 1	0	4	+ 4	9	8	− 1	29	27	− 2
23	15	12	− 3	8	13	+ 5	2	5	+ 3	5	7	+ 2	30	37	+ 7
24	16	14	− 2	8	4	− 4	1	5	+ 4	6	6	0	31	29	− 2
25	27	13	−14	5	5	0	1	2	+ 1	2	4	+ 2	35	24	−11
26	22	14	− 8	3	7	+ 4	2	3	+ 1	5	9	+ 4	32	33	+ 1
27	22	17	− 5	3	8	+ 5	6	3	− 3	5	10	+ 5	36	38	+ 2
28	27	18	− 9	13	7	− 6	1	6	+ 5	3	8	+ 5	44	39	− 5
29	17	20	+ 3	6	4	− 2	4	2	− 2	5	9	+ 4	32	35	+ 3
30	16	10	− 6	4	6	+ 2	2	2	0	4	4	0	26	22	− 4
31	13	12	− 1	6	8	+ 2	4	5	+ 1	7	10	+ 3	30	35	+ 5
Seiten-betrag:	315	252	−63	122	141	+19	47	58	+11	110	139	+29	594	590	− 4

Tabelle XVIII (Fortsetzung).

Schnitt Nr.	Spirem		D_{Sp}	Metastase		D_M	Anaphase		D_A	Anaphase		D_A	Telophase		D_S
	A	Z		A	Z		A	Z		A	Z		A	Z	
Über-trag:	315	252	− 63	122	141	+ 19	47	58	+ 11	110	139	+ 29	594	590	− 4
32	13	9	− 4	8	4	− 4	5	0	− 5	7	1	− 6	33	14	−19
33	10	13	+ 3	5	2	− 3	0	6	+ 6	9	8	− 1	24	29	+ 5
34	21	12	− 9	12	6	− 6	1	4	+ 3	9	8	− 1	43	30	−13
35	17	15	− 2	10	3	− 7	1	1	0	2	7	+ 5	30	26	− 4
36	27	27	0	8	8	0	4	2	− 2	6	3	− 3	45	40	− 5
37	20	13	− 7	6	5	− 1	3	2	− 1	7	6	− 1	36	26	−10
38	30	14	−16	6	4	− 2	1	0	− 1	10	4	− 6	47	22	−25
M 39	16	20	+ 4	7	8	+ 1	1	1	0	4	7	+ 3	28	36	+ 8
40	25	25	0	8	5	− 3	1	2	+ 1	3	3	0	37	35	− 2
41	28	18	−10	10	9	− 1	1	4	+ 3	3	3	0	42	34	− 8
42	11	13	+ 1	7	2	− 5	1	3	+ 2	3	5	+ 2	22	23	+ 1
43	21	16	− 5	12	10	− 2	1	5	+ 4	6	9	+ 3	40	40	0
44	21	25	+ 4	7	10	+ 3	1	4	+ 3	6	4	− 2	35	43	+ 8
45	16	21	+ 5	11	8	− 3	3	5	+ 2	7	8	+ 1	37	42	+ 5
46	27	11	−16	7	9	+ 2	3	4	+ 1	6	6	0	43	30	−13
47	11	20	+ 9	11	13	+ 2	1	4	+ 3	9	10	+ 1	32	47	+15
48	18	14	− 4	11	5	− 6	3	2	− 1	6	6	0	38	27	−11
49	19	27	+ 8	8	13	+ 5	1	3	+ 2	9	3	− 6	37	46	+ 9
50	18	18	0	10	11	+ 1	0	0	0	5	5	0	33	34	+ 1
51	16	21	+ 5	8	13	+ 5	3	7	+ 4	8	10	+ 2	35	51	+16
52	16	19	+ 3	5	9	+ 4	3	5	+ 2	13	10	− 3	37	43	+ 6
53	22	23	+ 1	11	11	0	3	2	− 1	11	4	− 7	47	40	− 7
54	27	25	− 2	5	4	− 1	2	3	+ 1	7	6	− 1	41	38	− 3
55	23	21	− 2	4	6	+ 2	3	4	+ 1	2	11	+ 9	32	42	+10
56	14	12	− 2	4	5	+ 1	0	2	+ 2	6	5	− 1	24	24	0
57	20	16	− 4	5	8	+ 3	2	4	+ 2	13	7	− 6	40	35	− 5
58	11	13	+ 2	9	8	− 1	1	2	+ 1	3	4	+ 1	24	27	+ 3
59	10	13	+ 3	4	7	+ 3	5	1	− 4	2	7	+ 5	21	28	+ 7
60	17	19	+ 2	4	8	+ 4	0	4	+ 4	1	7	+ 6	22	38	+16
61	23	19	− 4	10	7	− 3	2	2	0	2	6	+ 4	37	34	− 3
62	21	25	+ 4	4	9	+ 5	1	3	+ 2	3	8	+ 5	29	45	+16
63	23	16	− 7	5	3	− 2	6	2	− 4	9	8	− 1	43	29	−14
64	11	14	+ 3	12	6	− 6	1	3	+ 2	3	6	+ 3	27	29	+ 2
65	13	15	+ 2	10	5	− 5	1	3	+ 2	8	8	0	32	31	− 1
66	16	16	0	5	5	0	2	3	+ 1	2	4	+ 2	25	28	+ 3
67	13	16	+ 3	10	4	− 6	4	8	+ 4	7	10	+ 3	34	38	+ 4
68	12	19	+ 7	3	6	+ 3	1	3	+ 2	6	4	− 2	22	32	+10
69	6	18	+12	14	6	− 8	2	1	− 1	5	6	+ 1	27	31	+ 4
70	14	20	+ 6	9	5	− 4	2	3	+ 1	2	6	+ 4	27	34	+ 7
71	23	14	− 9	8	5	− 3	5	5	0	4	6	+ 2	40	30	−10
Seiten-betrag:	1035	957	− 78	435	416	− 19	128	180	+ 52	344	388	+ 44	1942	1941	− 1

Tabelle XVIII (Fortsetzung).

Schnitt Nr.	Spirem A	Z	D_{Sp}	Metaphase A	Z	D_M	Anaphase A	Z	D_A	Telophase A	Z	D_T	Summe A	Z	D_S
Übertrag:	1035	957	− 78	435	416	− 19	128	180	+ 52	344	388	+ 44	1942	1941	− 1
72	9	15	+ 6	6	15	+ 9	1	5	+ 4	14	8	− 6	30	43	+ 13
73	11	12	+ 1	5	3	− 2	5	4	− 1	7	10	+ 3	28	29	+ 1
74	20	16	− 4	8	7	− 1	2	3	+ 1	6	4	− 2	36	30	− 6
75	16	18	+ 2	3	9	+ 6	0	2	+ 2	3	2	− 1	22	31	+ 9
76	10	18	+ 8	11	8	− 3	3	3	0	3	8	+ 5	27	37	+ 10
77	8	8	0	5	9	+ 4	0	5	+ 5	5	1	− 4	18	23	+ 5
78	7	7	0	7	9	+ 2	2	3	+ 1	4	8	+ 4	20	27	+ 7
79—87	13	16	+ 3	16	26	+ 10	10	5	− 5	13	12	− 1	52	59	+ 7
88—89	0	0	0	0	0	0	0	0	0	0	0	0	0	0	0
Summe:	1129	1067	− 62	496	502	+ 6	151	210	+ 59	399	441	+ 42	2175	2220	+ 45

Prozentzunahme der zugewandten Seite: +2,06
„   „ medianen Zone: −1,40
Absolute Zahlen: Zugewandte Seite: 2220
Abgewandte „   2175
Summendifferenz: +45

Tabelle XIX. *Kontrollversuch 1. Allium*-Wurzel. 8. XII. 1925. Fixiert nach GILSON. Gefärbt mit Eisenhämatoxylin.

Schnitt Nr.	Spirem L	R	D_{Sp}	Metaphase L	R	D_M	Anaphase L	R	D_A	Telophase L	R	D_T	Summe L	R	D_S
1—13	0	0	0	0	0	0	0	0	0	0	0	0	0	0	0
14—35	119	106	− 13	68	71	+ 3	23	32	+ 9	64	69	+5	274	278	+ 4
36	5	5	0	6	2	− 4	4	1	− 3	6	2	−4	21	10	− 11
37	4	4	0	2	4	+ 2	4	1	− 3	5	1	−4	15	10	− 5
38	—	—	—	—	—	—	—	—	—	—	—	—	—	—	—
39	4	4	0	2	4	+ 2	1	2	+ 1	4	5	+1	11	15	+ 4
40	3	5	+ 2	4	7	+ 3	1	0	− 1	4	1	−3	12	13	+ 1
41	2	3	+ 1	8	6	− 2	1	2	+ 1	2	5	+3	13	16	+ 3
42	3	4	+ 1	2	7	+ 5	2	1	− 1	7	1	−6	14	13	− 1
43	5	6	+ 1	2	5	+ 3	2	2	0	5	4	−1	14	17	+ 3
44	3	4	+ 1	1	6	+ 5	0	0	0	1	1	0	5	11	+ 6
45	9	10	+ 1	3	8	+ 5	1	2	+ 1	4	5	+1	17	25	+ 8
46	15	15	0	4	3	− 1	0	2	+ 2	1	1	0	20	21	+ 1
47	—	—	—	—	—	—	—	—	—	—	—	—	—	—	—
48	10	18	+ 8	4	8	+ 4	1	3	+ 2	0	2	+2	15	31	+ 16
49	8	8	0	6	4	− 2	2	2	0	1	2	+1	17	16	− 1
50	4	2	− 2	5	1	− 4	1	1	0	1	2	+1	11	6	− 5
M 51	6	5	− 1	3	5	+ 2	0	0	0	1	1	0	10	11	+ 1
Seitenbetrag:	200	199	− 1	120	141	+ 21	43	51	+ 8	106	102	−4	469	493	+ 24

Tabelle XIX (Fortsetzung).

Schnitt Nr.	Spirem		D_{Sp}	Metaphase		D_M	Anaphase		D_A	Telophase		D_T	Summe		D_S
	L	R		L	R		L	R		L	R		L	R	
Über-trag:	200	199	− 1	120	141	+21	43	51	+ 8	106	102	− 4	469	493	+ 24
52	10	12	+ 2	3	5	+ 2	1	3	+ 2	8	2	− 6	22	22	0
53	10	6	− 4	9	3	− 6	6	0	− 6	5	6	+ 1	30	15	− 15
54	3	5	+ 2	4	4	0	0	1	+ 1	2	2	0	9	12	+ 3
55	2	4	+ 2	4	4	0	1	2	+ 1	1	1	0	8	11	+ 3
56	−	−	−	−	−	−	−	−	−	−	−	−	−	−	−
57	4	9	+ 5	5	4	− 1	2	2	0	5	1	− 4	16	16	0
58	9	9	0	3	2	− 1	0	3	+ 3	0	5	+ 5	12	19	+ 7
59	4	3	− 1	5	4	− 1	1	0	− 1	0	3	+ 3	10	10	0
60	8	12	+ 4	5	4	− 1	1	0	− 1	2	2	0	16	18	+ 2
61	14	7	− 7	5	3	− 2	0	0	0	3	5	+ 2	22	15	− 7
62	13	11	− 2	3	8	+ 5	2	4	+ 2	1	6	+ 5	19	29	+ 10
63	11	10	− 1	9	5	− 4	0	0	0	2	1	− 1	22	16	− 6
64	5	7	+ 2	2	2	0	2	2	0	4	4	0	13	15	+ 2
65	12	17	+ 5	4	3	− 1	0	2	+ 2	2	1	− 1	18	23	+ 5
66	6	16	+10	1	2	+ 1	1	1	0	4	2	− 2	12	21	+ 9
67	12	17	+ 5	3	5	+ 2	2	2	0	1	8	+ 7	18	32	+ 14
68	14	18	+ 4	6	5	− 1	1	2	+ 1	5	3	− 2	26	28	+ 2
69	11	20	+ 9	5	6	+ 1	2	1	− 1	4	2	− 2	22	29	+ 7
70	4	12	+ 8	7	4	− 3	1	2	+ 1	3	7	+ 4	15	25	+ 10
71	10	12	+ 2	3	5	+ 2	4	4	0	7	2	− 5	24	23	− 1
72	11	14	+ 3	5	4	− 1	1	1	0	3	5	+ 2	20	24	+ 4
73	9	8	− 1	1	3	+ 2	0	0	0	1	4	+ 3	11	15	+ 4
74	5	6	+ 1	1	2	+ 1	0	1	+ 1	6	8	+ 2	12	17	+ 5
75	9	7	− 2	9	8	− 1	3	1	− 2	3	8	+ 5	24	24	0
76	6	10	+ 4	4	8	+ 4	1	7	+ 6	5	9	+ 4	16	34	+ 18
77	5	8	+ 3	1	9	+ 8	3	5	+ 2	0	5	+ 5	9	27	+ 18
78	5	13	+ 8	2	5	+ 3	3	0	− 3	1	4	+ 3	11	22	+ 11
79	4	7	+ 3	1	1	0	1	3	+ 2	0	2	+ 2	6	13	+ 7
80	11	10	− 1	4	5	+ 1	2	3	+ 1	4	2	− 2	21	20	− 1
81	15	13	− 2	1	2	+ 1	3	2	− 1	1	4	+ 3	20	21	+ 1
82	13	15	+ 2	12	4	− 8	1	0	− 1	1	3	+ 2	27	22	− 5
83	11	8	− 3	14	4	−10	4	5	+ 1	6	8	+ 2	35	25	− 10
84	2	8	+ 6	7	7	0	1	2	+ 1	5	4	− 1	15	21	+ 6
85	7	7	0	11	5	− 6	5	3	− 2	5	5	0	28	20	− 8
86	5	3	− 2	5	2	− 3	3	1	− 2	6	4	− 2	19	10	− 9
87—97	37	31	− 6	28	26	− 2	9	13	+ 4	15	24	+ 9	89	94	+ 5
98—100	0	0	0	0	0	0	0	0	0	0	0	0	0	0	0
Summe:	517	574	+57	312	314	+ 2	110	129	+19	227	264	+37	1166	1281	+115

Prozentzunahme der rechten Seite: +9,85 Absolute Zahlen: Rechte Seite: 1282

„ „ medianen Zone +2,11 Linke „ 1166

Summendifferenz: +115

Tabelle **XX**. *Kontrollversuch 2.* *Allium*-Wurzel. 8. XII. 1925. Fixiert nach GILSON.
Gefärbt mit Eisenhämatoxylin.

Schnitt Nr.	Spirem L	Spirem R	D_{Sp}	Metaphase L	Metaphase R	D_M	Anaphase L	Anaphase R	D_A	Telophase L	Telophase R	D_T	Summe L	Summe R	D_S
1—27	0	0	0	0	0	0	0	0	0	0	0	0	0	0	0
28—59	41	49	+ 8	66	49	− 17	38	54	+16	63	66	+ 3	208	218	+10
60	7	3	− 4	2	4	+ 2	6	1	− 5	3	2	− 1	18	10	− 8
61	5	5	0	4	6	+ 2	4	0	− 4	2	0	− 2	15	11	− 4
62	3	4	+ 1	2	5	+ 3	2	0	− 2	4	3	− 1	11	12	+ 1
63	3	8	+ 5	7	3	− 4	2	3	+ 1	2	5	+ 3	14	19	+ 5
64	8	4	− 4	6	3	− 3	2	5	+ 3	2	5	+ 3	18	17	− 1
65	5	4	− 1	3	5	+ 2	3	2	− 1	1	1	0	12	12	0
66	7	4	− 3	0	1	+ 1	3	2	− 1	1	1	0	11	8	− 3
67	5	8	+ 3	4	6	+ 2	3	2	− 1	5	3	− 2	17	19	+ 2
68	4	2	− 2	9	5	− 4	2	5	+ 3	4	7	+ 3	19	19	0
69	8	7	− 1	3	8	+ 5	6	7	+ 1	2	4	+ 2	19	26	+ 7
70	6	7	+ 1	7	12	+ 5	1	6	+ 5	6	6	0	20	31	+11
71	12	8	− 4	7	10	+ 3	5	5	0	11	6	− 5	35	29	− 6
72	17	15	− 2	7	4	− 3	4	6	+ 2	8	7	− 1	36	32	− 4
73	10	14	+ 4	5	8	+ 3	3	2	− 1	6	5	− 1	24	29	+ 5
74	11	14	+ 3	11	9	− 2	4	5	+ 1	3	9	+ 6	29	37	+ 8
75	14	11	− 3	12	11	− 1	6	4	− 2	6	10	+ 4	38	36	− 2
76	15	8	− 7	6	11	+ 5	6	7	+ 1	5	7	+ 2	32	33	+ 1
77	4	10	+ 6	3	4	+ 1	3	5	+ 2	4	6	+ 2	14	25	+11
78	8	10	+ 2	10	7	− 3	4	5	+ 1	3	9	+ 6	25	31	+ 6
79	13	8	− 5	8	10	+ 2	1	7	+ 6	2	5	+ 3	24	30	+ 6
80	14	14	0	10	4	− 6	0	9	+ 9	1	6	+ 5	25	33	+ 8
81	19	12	− 7	6	8	+ 2	5	7	+ 2	3	9	+ 6	33	36	+ 3
82	13	10	− 3	7	7	0	3	8	+ 5	7	4	− 3	30	29	− 1
83	6	16	+10	5	8	+ 3	2	6	+ 4	5	9	+ 4	18	39	+21
84	11	14	+ 3	3	11	+ 8	3	6	+ 3	8	7	− 1	25	38	+13
M 85	13	20	+ 7	7	10	+ 3	0	2	+ 2	9	3	− 6	29	35	+ 6
86	14	10	− 4	4	6	+ 2	2	2	0	4	8	+ 4	24	26	+ 2
87	15	23	+ 8	4	4	0	5	6	+ 1	7	10	+ 3	31	43	+12
88	8	16	+ 8	3	5	+ 2	1	2	+ 1	7	3	− 4	19	26	+ 7
89	21	14	− 7	11	6	− 5	3	4	+ 1	6	9	+ 3	41	33	− 8
90	11	10	− 1	9	5	− 4	7	1	− 6	7	3	− 4	34	19	−15
91	8	11	+ 3	2	6	+ 4	3	1	− 2	2	5	+ 3	15	23	+ 8
92	7	9	+ 2	6	6	0	8	3	− 5	6	5	− 1	27	23	− 4
93	5	18	+13	8	10	+ 2	8	3	− 5	9	7	− 2	30	38	+ 8
94	10	12	+ 2	10	14	+ 4	13	9	− 4	6	8	+ 2	39	43	+ 4
95	9	14	+ 5	3	12	+ 9	2	2	0	9	7	− 2	23	35	+12
96	9	13	+ 4	4	5	+ 1	4	3	− 1	7	5	− 2	24	26	+ 2
97	11	9	− 2	9	5	− 4	2	2	0	7	5	− 2	29	21	− 8
Seitenbetrag:	410	448	+38	293	313	+20	179	209	+30	253	280	+27	1135	1250	+115

Tabelle XX (Fortsetzung).

Schnitt Nr.	Spirem L	R	D_{Sp}	Metaphase L	R	D_M	Anaphase L	R	D_A	Telophase L	R	D_T	Summe L	R	D_S
Übertrag:	410	448	+38	293	313	+20	179	209	+30	253	280	+27	1135	1250	+115
98	7	10	+ 3	9	5	− 4	3	8	+ 5	7	3	− 4	26	26	0
99	5	8	+ 3	5	3	− 2	3	2	− 1	3	3	0	16	16	0
100	—	—	—	—	—	—	—	—	—	—	—	—	—	—	—
101	10	11	+ 1	2	4	+ 2	5	0	− 5	2	3	+ 1	19	18	− 1
102	9	14	+ 5	5	6	+ 1	3	2	− 1	6	3	− 3	23	25	+ 2
103	10	10	0	13	6	− 7	8	4	− 4	9	11	+ 2	40	31	− 9
104	5	3	− 2	6	16	+10	8	2	− 6	9	5	− 4	28	26	− 2
105	1	6	+ 5	13	13	0	7	5	− 2	5	7	+ 2	26	31	+ 5
106	4	7	+ 3	10	6	− 4	4	1	− 3	9	4	− 5	27	18	− 9
107	5	6	+ 1	6	9	+ 3	5	4	− 1	8	2	− 6	24	21	− 3
108	5	1	− 4	10	5	− 5	6	6	0	6	2	− 4	27	14	− 13
109	3	10	+ 7	7	4	− 3	9	6	− 3	6	6	0	25	26	+ 1
110	7	6	− 1	10	6	− 4	4	2	− 2	10	5	− 5	31	19	− 12
111	5	6	+ 1	9	8	− 1	6	2	− 4	7	3	− 4	27	19	− 8
112	9	6	− 3	7	5	− 2	5	0	− 5	4	4	0	25	15	− 10
113	2	3	+ 1	1	1	0	1	0	− 1	1	3	+ 2	5	7	+ 2
114	0	1	+ 1	0	2	+ 2	1	0	− 1	0	0	0	1	3	+ 2
115	0	0	0	1	0	− 1	0	0	0	0	0	0	1	0	− 1
116—117	0	0	0	0	0	0	0	0	0	0	0	0	0	0	0
Summe:	497	556	+59	407	412	+ 5	257	253	− 4	345	344	− 1	1506	1565	+ 59

Prozentzunahme der rechten Seite: +3,92
„   „ medianen Zone: +15,53
Absolute Zahlen: Rechte Seite: 1565
Linke   „   1506
Summendifferenz: +59

Tabelle XXI. *Kontrollversuch 3. Allium*-Wurzel. 21. XII. 1926. Fixiert nach GILSON.
Gefärbt mit Eisenhämatoxylin.

Schnitt Nr.	Spirem L	R	D_{Sp}	Metaphase L	R	D_M	Anaphase L	R	D_A	Telophase L	R	D_T	Summe L	R	D_S
1—6	0	0	0	0	0	0	0	0	0	0	0	0	0	0	0
7—19	135	153	+18	28	40	+12	9	3	−6	18	19	+1	190	215	+25
20	20	26	+ 6	3	6	+ 3	1	2	+1	4	6	+2	28	40	+12
21	27	39	+12	6	2	− 4	1	3	+2	2	2	0	36	46	+10
22	29	39	+10	7	3	− 4	3	3	0	2	3	+1	41	48	+ 7
23	31	34	+ 3	2	4	+ 2	0	1	+1	2	5	+3	35	44	+ 9
24	32	38	+ 6	2	3	+ 1	2	1	−1	3	2	−1	39	44	+ 5
Seitenbetrag:	274	329	+55	48	58	+10	16	13	−3	31	37	+6	369	437	+68

Tabelle XXI (Fortsetzung).

Schnitt Nr.	Spirem		D_{Sp}	Metaphase		D_M	Anaphase		D_A	Telophase		D_T	Summe		D_S
	L	R		L	R		L	R		L	R		L	R	
Übertrag:	274	329	+ 55	48	58	+ 10	16	13	− 3	31	37	+ 6	369	437	+ 68
25	13	15	+ 2	2	1	− 1	1	1	0	1	3	+ 2	17	20	+ 3
26	44	37	− 7	8	2	− 6	1	1	0	2	5	+ 3	55	45	−10
27	37	32	− 5	3	2	− 1	2	1	− 1	5	3	− 2	47	38	− 9
28	30	14	−16	3	5	+ 2	1	2	+ 1	2	3	+ 1	36	24	−12
29	45	35	−10	5	3	− 2	2	0	− 2	4	0	− 4	56	38	−18
30	35	34	− 1	3	3	0	2	1	− 1	4	2	− 2	44	40	− 4
31	31	28	− 3	6	2	− 4	0	0	0	3	0	− 3	40	30	−10
32	23	29	+ 6	7	4	− 3	1	0	− 1	3	1	− 2	34	34	0
33	37	31	− 6	3	2	− 1	1	4	+ 3	3	5	+ 2	44	42	− 2
34	15	13	− 2	4	0	− 4	2	1	− 1	3	0	− 3	24	14	−10
35	28	27	− 1	2	1	− 1	0	1	+ 1	5	2	− 3	35	31	− 4
36	24	19	− 5	4	2	− 2	5	1	− 4	5	1	− 4	38	23	−15
37	23	23	0	3	3	0	2	1	− 1	9	3	− 6	37	30	− 7
38	27	22	− 5	4	2	− 2	0	0	0	3	0	− 3	34	24	−10
39	9	18	+ 9	2	2	0	1	2	+ 1	3	2	− 1	15	24	+ 9
40	18	21	+ 3	2	1	− 1	0	0	0	7	3	− 4	27	25	− 2
41	18	18	0	3	4	+ 1	0	0	0	2	3	+ 1	23	25	+ 2
42	14	12	− 2	3	2	− 1	0	0	0	4	3	− 1	21	17	− 4
43	18	23	+ 5	5	5	0	0	0	0	5	2	− 3	28	30	+ 2
44	15	12	− 3	4	5	+ 1	0	1	+ 1	1	1	0	20	19	− 1
45	21	19	− 2	4	3	− 1	0	0	0	3	5	+ 2	28	27	− 1
46	22	26	+ 4	8	2	− 6	1	1	0	7	2	− 5	38	31	− 7
47	29	33	+ 4	3	3	0	2	0	− 2	3	3	0	37	39	+ 2
48	18	21	+ 3	4	3	− 1	1	2	+ 1	5	0	− 5	28	26	− 2
M 49	18	21	+ 3	5	3	− 2	0	0	0	3	5	+ 2	26	29	+ 3
50	25	20	− 5	3	2	− 1	1	2	+ 1	1	1	0	30	25	− 5
51	22	26	+ 4	2	5	+ 3	0	0	0	0	1	+ 1	24	32	+ 8
52	—	—	—	—	—	—	—	—	—	—	—	—	—	—	—
53	24	21	− 3	1	2	+ 1	1	0	− 1	2	1	− 1	28	24	− 4
54	27	25	− 2	0	4	+ 4	2	1	− 1	3	4	+ 1	32	34	+ 2
55	20	25	+ 5	4	1	− 3	1	0	− 1	4	2	− 2	29	28	− 1
56	30	18	−12	6	1	− 5	1	1	0	3	3	0	40	23	−17
57	20	21	+ 1	3	2	− 1	2	0	− 2	3	3	0	28	26	− 2
58	18	14	− 4	1	0	− 1	0	0	0	7	1	− 6	26	15	−11
59	21	24	+ 3	2	3	+ 1	2	0	− 2	8	2	− 6	33	29	− 4
60	18	21	+ 3	6	3	− 3	2	1	− 1	3	2	− 1	29	27	− 2
61	16	33	+17	6	6	0	1	1	0	4	2	− 2	27	42	+15
62	27	31	+ 4	3	5	+ 2	2	2	0	4	2	− 2	36	40	+ 4
63	—	—	—	—	—	—	—	—	—	—	—	—	—	—	—
64	18	16	− 2	2	6	+ 4	1	1	0	3	2	− 1	24	25	+ 1
Seitenbetrag:	1172	1207	+ 35	187	163	−24	57	42	−15	171	120	−51	1587	1532	−55

Tabelle XXI (Fortsetzung).

Schnitt Nr.	Spirem		D_{Sp}	Metaphase		D_M	Anaphase		D_A	Telophase		D_T	Summe		D_S
	L	R		L	R		L	R		L	R		L	R	
Über-trag:	1172	1207	+35	187	163	−24	57	42	−15	171	120	−51	1587	1532	−55
65	30	25	− 5	4	9	+ 5	0	3	+ 3	11	6	− 5	45	43	− 2
66	19	32	+13	3	4	+ 1	1	1	0	5	2	− 3	28	39	+11
67	20	21	+ 1	3	3	0	1	1	0	3	4	+ 1	27	29	+ 2
68	24	16	− 8	1	5	+ 4	1	2	+ 1	5	4	− 1	31	27	− 4
69	26	34	+ 8	0	3	+ 3	2	1	− 1	3	3	0	31	41	+10
70	28	26	− 2	2	0	− 2	0	3	+ 3	7	6	− 1	37	35	− 2
71	28	25	− 3	2	6	+ 4	2	1	− 1	7	8	+ 1	39	40	+ 1
72	18	28	+10	1	5	+ 4	0	2	+ 2	9	4	− 5	28	39	+11
73—83	175	176	+ 1	23	24	+ 1	7	6	− 1	34	36	+ 2	239	242	+ 3
84—90	−	−	−	−	−	−	−	−	−	−	−	−	−	−	−
Summe:	1540	1590	+50	226	222	− 4	71	62	− 9	255	193	−62	2092	2067	−25

Prozentzunahme der rechten Seite:　　−1,21
„　　　　　„　medianen Zone:　−1,74
Absolute Zahlen:　Rechte Seite:　　2067
Linke　　„　　2092
Summendifferenz:　−25

Tabelle XXII. *Kontrollversuch 4. Pisum*-Wurzel. 5. XII. 1925. Fixiert nach GILSON.
Gefärbt mit Eisenhämatoxylin.

Schnitt Nr.	Spirem		D_{Sp}	Metaphase		D_M	Anaphase		D_A	Telophase		D_T	Summe		D_S
	L	R		L	R		L	R		L	R		L	R	
1—12	0	0	0	0	0	0	0	0	0	0	0	0	0	0	0
13—26	19	15	−4	42	39	− 3	24	17	−7	78	63	−15	163	134	−29
27	2	1	−1	4	4	0	2	1	−1	9	7	− 2	17	13	− 4
28	2	1	−1	10	4	− 6	1	1	0	7	4	− 3	20	10	−10
29	1	2	+1	5	2	− 3	0	1	+1	4	7	+ 3	10	12	+ 2
30	1	3	+2	6	4	− 2	0	2	+2	7	6	− 1	14	15	+ 1
31	4	3	−1	5	2	− 3	2	1	−1	6	4	− 2	17	10	− 7
32	6	3	−3	3	5	+ 2	2	2	0	5	10	+ 5	16	20	+ 4
33	7	4	−3	7	6	− 1	0	0	0	4	10	+ 6	18	20	+ 2
34	2	3	+1	6	6	0	3	1	−2	7	4	− 3	18	14	− 4
35	5	4	−1	7	4	− 3	1	0	−1	9	5	− 4	22	13	− 9
M 36	2	2	0	6	3	− 3	0	1	+1	8	9	+ 1	16	15	− 1
37	2	2	0	3	3	0	2	1	−1	10	6	− 4	17	12	− 5
38	2	2	0	5	2	− 3	1	2	+1	13	8	− 5	21	14	− 7
39	2	4	+2	6	7	+ 1	2	1	−1	2	2	0	12	14	+ 2
40	3	3	0	4	6	+ 2	1	0	−1	9	7	− 2	17	16	− 1
41	3	4	+1	4	4	0	1	2	+1	9	9	0	17	19	+ 2
Seiten-betrag:	63	56	−7	123	101	−22	42	33	−9	187	161	−26	415	351	−64

Tabelle XXII (Fortsetzung).

Schnitt Nr.	Spirem		D_{Sp}	Metaphase		D_M	Anaphase		D_A	Telophase		D_T	Summe		D_S
	L	R		L	R		L	R		L	R		L	R	
Über-trag:	63	56	− 7	123	101	−22	42	33	− 9	187	161	−26	415	351	− 64
42	5	4	− 1	9	6	− 3	3	1	− 2	10	6	− 4	27	17	−10
43	6	3	− 3	5	10	+ 5	1	3	+ 2	8	7	− 1	20	23	+ 3
44	3	5	+ 2	4	6	+ 2	0	1	+ 1	5	6	+ 1	12	18	+ 6
45	3	4	+ 1	4	9	+ 5	0	1	+ 1	16	4	−12	23	18	− 5
46	3	6	+ 3	5	5	0	0	0	0	5	8	+ 3	13	19	+ 6
47	4	4	0	5	6	+ 1	3	0	− 3	15	7	− 8	27	17	−10
48	2	2	0	7	4	− 3	2	3	+ 1	9	6	− 3	20	15	− 5
49	4	4	0	7	6	− 1	1	6	+ 5	13	7	− 6	25	23	− 2
50	2	8	+ 6	6	9	+ 3	1	0	− 1	11	8	− 3	20	25	+ 5
51	4	4	0	12	6	− 6	2	1	− 1	15	12	− 3	33	23	−10
52—62	14	11	− 3	34	46	+12	9	17	+ 8	66	60	− 6	123	134	+11
63—70	0	0	0	0	0	0	0	0	0	0	0	0	0	0	0
Summe:	113	111	− 2	221	214	− 7	64	66	+ 2	360	292	−68	758	683	−75

Prozentzunahme der rechten Seite: −10,98
„   „ medianen Zone: −14,37
Absolute Zahlen: Rechte Seite: 683
Linke   „   758
Summendifferenz: −75

Tabelle XXIII. *Kontrollversuch 5. Pisum*-Wurzel. 21. XII. 1926. Fixiert nach BOUIN-ALLAN. Gefärbt mit Eisenhämatoxylin.

Schnitt Nr.	Spirem		D_{Sp}	Metaphase		D_M	Anaphase		D_A	Telophase		D_T	Summe		D_S
	L	R		L	R		L	R		L	R		L	R	
1—6	0	0	0	0	0	0	0	0	0	0	0	0	0	0	0
7—18	16	28	+12	15	20	+ 5	4	10	+ 6	38	34	− 4	73	92	+19
19	6	7	+ 1	9	6	− 3	4	3	− 1	5	9	+ 4	24	25	+ 1
20	5	4	− 1	8	9	+ 1	2	3	+ 1	2	4	+ 2	17	20	+ 3
21	4	5	+ 1	4	6	+ 2	2	2	0	7	7	0	17	20	+ 3
22	5	7	+ 2	5	11	+ 6	1	2	+ 1	8	7	− 1	19	27	+ 8
23	5	7	+ 2	5	10	+ 5	2	3	+ 1	7	7	0	19	27	+ 8
24	8	8	0	12	11	− 1	2	4	+ 2	6	12	+ 6	28	35	+ 7
25	6	11	+ 5	10	5	− 5	2	5	+ 3	9	17	+ 8	27	38	+11
26	4	14	+10	10	7	− 3	4	5	+ 1	12	16	+ 4	30	42	+12
27	10	5	− 5	7	7	0	3	1	− 2	8	8	0	28	21	− 7
28	7	4	− 3	6	8	+ 2	2	1	− 1	9	10	+ 1	24	23	− 1
29	5	6	+ 1	8	13	+ 5	3	2	− 1	6	13	+ 7	22	34	+12
30	9	8	− 1	5	8	+ 3	2	1	− 1	16	10	− 6	32	27	− 5
31	−	−	−	−	−	−	−	−	−	−	−	−	−	−	−
Seiten-betrag:	90	114	+24	104	121	+17	33	42	+ 9	133	154	+21	360	431	+71

Tabelle XXIII (Fortsetzung).

Schnitt Nr.	Spirem		D_{Sp}	Metaphase		D_M	Anaphase		D_A	Telophase		D_T	Summe		D_S
	L	R		L	R		L	R		L	R		L	R	
Über-trag:	90	114	+24	104	121	+17	33	42	+ 9	133	154	+21	360	431	+71
32	4	6	+ 2	4	11	+ 7	2	3	+ 1	8	10	+ 2	18	30	+12
33	4	9	+ 5	7	6	− 1	7	2	− 5	15	6	− 9	33	23	−10
34	6	8	+ 2	5	12	+ 7	5	1	− 4	8	10	+ 2	24	31	+ 7
35	2	6	+ 4	7	15	+ 8	8	2	− 6	9	7	− 2	26	30	+ 4
36	6	4	− 2	6	11	+ 5	3	1	− 2	10	4	− 6	25	20	− 5
37	5	2	− 3	2	4	+ 2	0	3	+ 3	9	8	− 1	16	17	+ 1
38	4	5	+ 1	14	11	− 3	3	3	0	12	7	− 5	33	26	− 7
39	4	3	− 1	18	12	− 6	3	5	+ 2	11	4	− 7	36	24	−12
40	7	6	− 1	12	10	− 2	2	4	+ 2	11	14	+ 3	32	34	+ 2
41	14	6	− 8	16	15	− 1	4	2	− 2	0	8	+ 8	34	31	− 3
42	3	11	+ 8	15	16	+ 1	5	4	− 1	10	15	+ 5	33	46	+13
43	9	10	+ 1	11	13	+ 2	3	5	+ 2	6	5	− 1	29	33	+ 4
44—46	—	—	—	—	—	—	—	—	—	—	—	—	—	—	—
47	2	9	+ 7	9	18	+ 9	3	1	− 2	4	9	+ 5	18	37	+19
48	7	3	− 4	14	12	− 2	3	1	− 2	13	7	− 6	37	23	−14
49	4	4	0	8	14	+ 6	3	1	− 2	7	10	+ 3	22	29	+ 7
50	5	4	− 1	12	9	− 3	4	4	0	8	9	+ 1	29	26	− 3
51	2	4	+ 2	17	11	− 6	5	5	0	10	8	− 2	34	28	− 6
52	7	5	− 2	14	14	0	5	7	+ 2	15	11	− 4	41	37	− 4
53	—	—	—	—	—	—	—	—	—	—	—	—	—	—	—
54	9	8	− 1	12	12	0	6	5	− 1	8	3	− 5	35	28	− 7
55	5	4	− 1	13	18	+ 5	4	5	+ 1	8	11	+ 3	30	38	+ 8
56	—	—	—	—	—	—	—	—	—	—	—	—	—	—	—
57	9	4	− 5	12	18	+ 6	2	7	+ 5	13	14	+ 1	36	43	+ 7
M 58	9	6	− 3	20	21	+ 1	3	3	0	14	15	+ 1	46	45	− 1
59	10	6	− 4	21	27	+ 6	5	4	− 1	7	8	+ 1	43	45	+ 2
60	7	5	− 2	20	24	+ 4	4	2	− 2	11	5	− 6	42	36	− 6
61	6	2	− 4	22	19	− 3	3	4	+ 1	8	9	+ 1	39	34	− 5
62	7	1	− 6	6	12	+ 6	4	2	− 2	11	8	− 3	28	23	− 5
63	6	8	+ 2	15	13	− 2	0	2	+ 2	9	10	+ 1	30	33	+ 3
64	5	6	+ 1	22	12	−10	8	5	− 3	3	4	+ 1	38	27	−11
65	10	6	− 4	17	17	0	2	7	+ 5	8	9	+ 1	37	39	+ 2
66	4	1	− 3	21	25	+ 4	6	4	− 2	10	10	0	41	40	− 1
67	14	9	− 5	20	14	− 6	3	6	+ 3	11	7	− 4	48	36	−12
68	10	4	− 6	14	15	+ 1	2	1	− 1	6	10	+ 4	32	30	− 2
69	3	4	+ 1	23	10	−13	4	2	− 2	6	5	− 1	36	21	−15
70	10	9	− 1	24	15	− 9	10	6	− 4	19	16	− 3	63	46	−17
71	5	7	+ 2	18	14	− 4	5	2	− 3	7	11	+ 4	35	34	− 1
72	8	6	− 2	16	13	− 3	4	2	− 2	11	5	− 6	39	26	−13
73	11	8	− 3	10	15	+ 5	2	1	− 1	8	2	− 6	31	26	− 5
Seiten-betrag:	333	323	− 10	621	649	+28	178	166	−12	477	468	− 9	1609	1606	− 3

Tabelle XXIII (Fortsetzung).

Schnitt Nr.	Spirem		D_{Sp}	Metaphase		D_M	Anaphase		D_A	Telophase		D_T	Summe		D_S
	L	R		L	R		L	R		L	R		L	R	
Übertrag:	333	323	−10	621	649	+28	178	166	−12	477	468	− 9	1609	1606	− 3
74—76	—	—	—	—	—	—	—	—	—	—	—	—	—	—	—
77	8	9	+ 1	16	15	− 1	5	2	− 3	6	9	+ 3	35	35	0
78	8	9	+ 1	15	10	− 5	3	4	+ 1	10	14	+ 4	36	37	+ 1
79	4	3	− 1	8	17	+ 9	4	4	0	5	7	+ 2	21	31	+10
80	7	5	− 2	12	17	+ 5	2	1	− 1	7	9	+ 2	28	32	+ 4
81—99	96	75	−21	161	159	− 2	36	37	+ 1	93	119	+26	386	390	+ 4
100	0	0	0	0	0	0	0	0	0	0	0	0	0	0	0
Summe:	456	424	−32	833	867	+34	228	214	−14	598	626	+28	2115	2131	+16

Prozentzunahme der rechten Seite: +0,75
„ „ medianen Zone: −1,23
Absolute Zahlen: Rechte Seite: 2131
Linke „ 2115
Summendifferenz: +16

Tabelle XXIV. *Kontrollversuch 6. Pisum*-Wurzel. 21. XII. 1926. Fixiert nach Bouin-Allan. Gefärbt mit Eisenhämatoxylin.

Schnitt Nr.	Spirem		D_{Sp}	Metaphase		D_M	Anaphase		D_A	Telophase		D_T	Summe		D_S
	L	R		L	R		L	R		L	R		L	R	
1—35	101	89	−12	118	116	− 2	30	34	+ 4	59	74	+15	308	313	+ 5
36	5	1	− 4	6	7	+ 1	3	0	− 3	5	2	− 3	19	10	− 9
37	3	2	− 1	11	5	− 6	4	2	− 2	4	2	− 2	22	11	−11
38	3	2	− 1	17	9	− 8	3	1	− 2	7	6	− 1	30	18	−12
39	5	2	− 3	9	5	− 4	1	1	0	2	1	− 1	17	9	− 8
40—41	—	—	—	—	—	—	—	—	—	—	—	—	—	—	—
42	2	2	0	9	5	− 4	2	1	− 1	8	4	− 4	21	12	− 9
43—45	—	—	—	—	—	—	—	—	—	—	—	—	—	—	—
46	3	7	+ 4	11	5	− 6	0	4	+ 4	4	5	+ 1	18	21	+ 3
47	7	6	− 1	19	5	−14	3	8	+ 5	9	2	− 7	38	21	−17
48	6	4	− 2	8	12	+ 4	3	2	− 1	5	3	− 2	22	21	− 1
49	12	8	− 4	10	10	0	6	1	− 5	7	7	0	35	26	− 9
50	2	5	+ 3	12	8	− 4	5	0	− 5	3	2	− 1	22	15	− 7
51	4	6	+ 2	9	5	− 4	1	1	0	5	6	+ 1	19	18	− 1
52	5	3	− 2	14	14	0	4	2	− 2	5	8	+ 3	28	27	− 1
53	9	8	− 1	8	14	+ 6	2	4	+ 2	5	9	+ 4	24	35	+11
54	10	8	− 2	14	10	− 4	3	1	− 2	7	9	+ 2	34	28	− 6
55	5	10	+ 5	13	14	+ 1	2	4	+ 2	1	8	+ 7	21	36	+15
56	8	6	− 2	12	10	− 2	2	3	+ 1	4	3	− 1	26	22	− 4
57	6	8	+ 2	3	12	+ 9	5	4	− 1	6	2	− 4	20	26	+ 6
Seitenbetrag:	196	176	−19	303	266	−37	79	73	− 6	146	153	+ 7	724	669	−55

Tabelle XXIV (Fortsetzung).

Schnitt Nr.	Spirem L	R	D_{Sp}	Metaphase L	R	D_M	Anaphase L	R	D_A	Telophase L	R	D_T	Summe L	R	D_S
Übertrag:	196	176	− 19	303	266	− 37	79	73	− 6	146	153	+7	724	669	− 55
58	9	13	+ 4	15	8	− 7	1	3	+ 2	6	8	+2	31	32	+ 1
59	7	8	+ 1	14	16	+ 2	3	6	+ 3	1	6	+5	25	36	+11
M60	8	14	+ 6	15	14	− 1	3	7	+ 4	4	13	+9	30	48	+18
61	11	8	− 3	8	13	+ 5	4	5	+ 1	10	3	−7	33	29	− 4
62	9	7	− 2	18	16	− 2	0	4	+ 4	3	4	+1	30	31	+ 1
63	11	10	− 1	11	12	+ 1	0	3	+ 3	9	4	−5	31	29	− 2
64	7	10	+ 3	7	13	+ 6	5	5	0	5	3	−2	24	31	+ 7
65	8	5	− 3	11	15	+ 4	4	2	− 2	2	5	+3	25	27	+ 2
66	10	9	− 1	9	16	+ 7	3	3	0	5	4	−1	27	32	+ 5
67	5	1	− 4	10	11	+ 1	1	2	+ 1	3	6	+3	19	20	+ 1
68	6	6	0	11	5	− 6	2	3	+ 1	9	8	−1	28	22	− 6
69	9	4	− 5	13	6	− 7	3	2	− 1	2	5	+3	27	17	− 10
70	12	7	− 5	10	7	− 3	2	5	+ 3	6	4	−2	30	23	− 7
71	3	10	+ 7	11	10	− 1	4	4	0	3	6	+3	21	30	+ 9
72	5	4	− 1	15	13	− 2	1	3	+ 2	6	5	−1	27	25	− 2
73	11	5	− 6	9	5	− 4	0	6	+ 6	6	7	+1	26	23	− 3
74	8	6	− 2	7	8	+ 1	3	4	+ 1	4	4	0	22	22	0
75	0	4	+ 4	6	5	− 1	3	2	− 1	5	6	+1	14	17	+ 3
76	3	7	+ 4	6	5	− 1	3	1	− 2	7	5	−2	19	18	− 1
77	3	3	0	9	10	+ 1	5	3	− 2	2	4	+2	19	20	+ 1
78	2	2	0	17	10	− 7	3	4	+ 1	0	3	+3	22	19	− 3
79	5	5	0	14	9	− 5	0	4	+ 4	7	3	−4	26	21	− 5
80	5	3	− 2	10	8	− 2	1	3	+ 2	6	7	+1	22	21	− 1
81	17	12	− 5	9	10	+ 1	1	3	+ 2	9	9	0	36	34	− 2
82	15	13	− 2	6	1	− 5	1	0	− 1	13	14	+1	35	28	− 7
83	16	18	+ 2	5	7	+ 2	2	1	− 1	6	11	+5	29	37	+ 8
84	20	10	− 10	6	5	− 1	3	5	+ 2	5	8	+3	34	28	− 6
85	—	—	—	—	—	—	—	—	—	—	—	—	—	—	—
86	24	17	− 7	6	6	0	1	3	+ 2	12	6	−6	43	32	−11
87	5	11	+ 6	12	2	−10	4	3	− 1	1	3	+2	22	19	− 3
88	7	14	+ 7	13	7	− 6	2	1	− 1	6	5	−1	28	27	− 1
89	5	7	+ 2	6	6	0	1	0	− 1	4	2	−2	16	15	− 1
90	6	6	0	6	6	0	1	2	+ 1	7	1	−6	20	15	− 5
91	10	12	+ 2	5	14	+ 9	3	3	0	3	2	−1	21	31	+10
92—97	27	26	− 1	25	21	− 4	4	11	+ 7	15	10	−5	71	68	− 3
98—100	—	—	—	—	—	—	—	—	—	—	—	—	—	—	—
Summe:	505	474	− 31	658	586	− 72	156	189	+ 33	338	347	+9	1657	1596	− 61

Prozentzunahme der rechten Seite: −3,82

„ „ medianen Zone: +17,22

Absolute Zahlen: Rechte Seite: 1596, Linke Seite 1657

Summendifferenz: −61

THE JOURNAL
OF
EXPERIMENTAL ZOÖLOGY

PUBLISHED BY

THE WISTAR INSTITUTE OF ANATOMY AND BIOLOGY

Volume 50, No. 3

Contents:

Zu beziehen durch die

HIRSCHWALDSCHE BUCHHANDLUNG
BERLIN NW 7 / Unter den Linden 68

WILHELM ROUX

ZUM GEDÄCHTNIS

wurde vorstehend abgebildete Bronze - Denkmünze geschaffen. Die Rückseite enthält den Wahlspruch, den der Verstorbene seiner Selbstbiographie voransetzte. Dem voraussichtlichen Wunsche zahlreicher Freunde und Mitarbeiter Wilhelm Rouxs und seiner Forschungsrichtung, dieses wertvolle Andenken sich zu verschaffen, wird die Familie gerne entsprechen.

Preis in einfacher Pappschachtel RM 18.—, in samtgefüttertem Kästchen RM 20.—. Ein etwaiger Überschuß kommt der Wilhelm Roux - Stiftung in geeigneter Form zugute.
Man wende sich an: Dr.-Ing. E. Roux, Berlin-Friedenau, Hähnelstr. 13, möglichst unter Voreinsendung des Betrages zuzüglich RM —.60 für Porto und Verpackung auf sein Postscheckkonto Berlin 120801. Sonst erfolgt Versand auch gegen Nachnahme.